爱上编程

Programming

鸿蒙 零门槛学习 App 开发 HarmonyOS 应用开发入门

■程晨 著

人民邮电出版社
北京

图书在版编目（CIP）数据

鸿蒙应用开发入门 / 程晨著. -- 北京 : 人民邮电出版社, 2022.2（2023.2重印）
（爱上编程）
ISBN 978-7-115-58257-7

Ⅰ. ①鸿… Ⅱ. ①程… Ⅲ. ①移动终端－操作系统－程序设计 Ⅳ. ①TN929.53

中国版本图书馆CIP数据核字(2021)第261632号

内 容 提 要

鸿蒙系统是一款“面向未来”、面向全场景的分布式操作系统。在传统的单设备系统能力的基础上，鸿蒙系统提出了基于同一套系统能力、适配多种终端形态的分布式理念，能够支持多种终端设备。

本书共 6 章，从鸿蒙系统、技术特征等相关基础知识开始介绍，通过新建项目，一步步地讲解使用 JavaScript 设计页面的方法、页面跳转功能的实现，内容由易到难。本书还巧用围棋应用开发的全过程，帮助读者记忆与理解使用 JavaScript 开发应用的方法与相关知识。

◆ 著　　　　程 晨
　责任编辑　周 明
　责任印制　陈 犇
◆ 人民邮电出版社出版发行　　北京市丰台区成寿寺路 11 号
　邮编 100164　电子邮件 315@ptpress.com.cn
　网址 https://www.ptpress.com.cn
　北京九州迅驰传媒文化有限公司印刷
◆ 开本：787×1092 1/16
　印张：8.75　　　　2022 年 2 月第 1 版
　字数：202 千字　　2023 年 2 月北京第 3 次印刷

定价：69.80 元

读者服务热线：(010)81055493 印装质量热线：(010)81055316
反盗版热线：(010)81055315
广告经营许可证：京东市监广登字 20170147 号

前言

2019 年 8 月 9 日，华为公司在华为开发者大会上正式发布了鸿蒙操作系统，同时宣布该操作系统源代码开源。2021 年 6 月 2 日晚，华为正式发布鸿蒙系统 2 及多款搭载鸿蒙系统 2 的新产品。2021 年 9 月 13 日，升级鸿蒙 2 的用户数量突破了 1 亿。

鸿蒙的问世，与中国的手机产业对国产软件系统的需求有着必然的联系，但鸿蒙系统并不仅仅针对手机。鸿蒙系统是一款全新的、面向全场景的分布式操作系统，其创造了一个虚拟终端互联的世界，将人、设备、场景有机地联系在一起，实现了全场景多种智能终端的极速发现、极速连接、硬件互助、资源共享。

鸿蒙是时代的产物，它是一个面向物联网时代的操作系统，有望重塑物联网生态，将芯片、系统、人工智能等技术分享给全球，推动全社会数字化转型，继而进入智能社会新时代。

对消费者而言，鸿蒙系统能够将生活场景中的各类终端进行能力整合，形成一个“超级虚拟终端”，可以实现不同终端设备之间的快速连接、能力互助、资源共享，匹配合适的设备、提供流畅的全场景体验。

对应用开发者而言，鸿蒙系统采用了多种分布式技术，使得应用程序的开发实现与不同终端设备的形态差异无关，降低了开发难度和成本。这能够让开发者聚焦上层业务逻辑，更加便捷、高效地开发应用。

对设备开发者而言，鸿蒙系统采用了组件化的设计方案，可以根据设备的资源能力和业务特征进行灵活裁剪，满足不同形态的终端设备对于操作系统的要求。

如果您也与很多朋友一样希望能够了解一些鸿蒙开发的内容，那么就跟随本书来学习鸿蒙应用开发的基础知识吧。本书的定位是一本面向初学者的鸿蒙应用开发类图书，内容所涉及的项目主要基于简单、易学的 JavaScript 语言进行开发。希望本书能够让大家更加轻松地进入鸿蒙应用开发的大门。

本书的内容

本书共有 6 章，从鸿蒙系统、技术特征等相关基础知识开始介绍，通过新建项目，一步步地讲解使用 JavaScript 设计页面的方法、页面跳转功能的实现，内容由易到难。本书还巧用围棋应用开发的全过程，帮助读者记忆与理解使用 JavaScript 开发应用的方法与相关知识。

面向的读者

目前市面上关于鸿蒙应用开发的图书并不多，而且大部分技术性偏强，比较适合有一定手机应用开发经验的工程师或技术人员阅读。本书则是面向对鸿蒙应用开发感兴趣但没有太多经验的初学者，相比目前市面上鸿蒙应用开发的书籍，本书内容浅显易懂、实操性强，更能够激发初学者对于鸿蒙应用开发的兴趣。

非常感谢人民邮电出版社的编辑在本书出版过程中付出的努力；同样也感谢现在正捧着这本书的您，感谢您愿意花费时间和精力阅读本书。由于时间有限，书中难免存在疏漏与错误之处，诚恳地希望您批评指正，您的意见和建议将是我前进的动力。

程晨

2021 年中秋于秦皇岛北戴河躬笃阁

目 录

第 1 章　准备工作

第 2 章　牛刀小试

第 3 章 页面设计

第4章 页面跳转

第5章 在画布中绘制图形

第 6 章 围棋定式助记应用

第 1 章　准备工作

鸿蒙系统是一款全新的、面向全场景的分布式操作系统，其创造了一个虚拟终端互联的世界，将人、设备、场景有机地联系在一起，实现了全场景多种智能终端的极速发现、极速连接、硬件互助、资源共享。下面就请您跟随本书一起学习鸿蒙应用开发的基础知识吧。

1.1　鸿蒙系统的发展历史

1.1.1 鸿蒙系统的介绍

鸿蒙系统（英文名为 HarmonyOS，意为和谐）是一款“面向未来”、面向全场景（移动办公、运动健康、社交通信、媒体娱乐等）的分布式操作系统。在传统的单设备系统能力的基础上，鸿蒙系统拥有基于同一套系统能力、适配多种终端形态的分布式理念，能够支持多种终端。

对消费者而言，鸿蒙系统能够将生活场景中的各类终端进行能力整合，形成一个“超级虚拟终端”，可以实现不同终端设备之间的快速连接、能力互助、资源共享，匹配合适的设备，提供流畅的全场景体验。

对应用开发者而言，鸿蒙系统采用了多种分布式技术，使得应用程序的开发实现与不同终端设备的形态差异无关，降低了开发难度和成本。这能够让开发者聚焦上层业务逻辑，更加便捷、高效地开发应用。

对设备开发者而言，鸿蒙系统采用了组件化的设计方案，可以根据设备的资源能力和业务特征进行灵活裁剪，满足不同形态的终端设备对于操作系统的要求。

1.1.2 鸿蒙系统发展历程

鸿蒙系统是华为在 2012 年开始规划的自有操作系统。

2019 年 8 月 9 日，华为正式发布鸿蒙系统，同时也表示，鸿蒙系统将实行开源。

2020 年 8 月，在中国信息化百人会 2020 年峰会上，华为表示，截至 2020 年 8 月鸿蒙系统已经应用到华为智慧屏、华为手表上，未来有信心应用到 1+8+N 全场景终端设备上。

2020 年 9 月 10 日，鸿蒙系统升级至鸿蒙系统 2.0 版本。

2020 年 12 月 16 日，华为正式发布鸿蒙系统 2.0 手机开发者 Beta 版本。

2021年4月22日，鸿蒙系统应用开发在线体验网站上线。

2021年5月18日，华为宣布华为 HiLink 将与 HarmonyOS 统一为鸿蒙智联。

2021年6月2日晚，华为正式发布鸿蒙系统2及多款搭载鸿蒙系统2的新产品。

说明：

1. 鸿蒙系统将源代码无偿捐赠给开放原子开源基金会进行孵化，项目名称为 OpenHarmony。直至2021年6月6日，整个项目才正式完成全部交接。

2. 1+8+N 全场景中的“1”指的是手机，它是用户流量的核心入口。“8”指的是手机外围的8类设备，包括PC、平板、耳机、眼镜、手表、汽车、音箱、HD大屏设备，这8类设备在人们日常生活中的使用率仅次于手机的使用率。“N”指的是最外层的所有能够搭载鸿蒙操作系统的 IoT（Internet of Things，物联网）设备，这些设备涵盖了各种各样的应用场景，包括运动健康、影音娱乐、智能家庭、移动办公、智慧出行等。针对运动健康这个场景，常见的设备有血压计、智能秤等；针对移动办公这个场景，常见的设备有打印机、投影仪等；针对智能家庭这个场景，常见的设备有扫地机、摄像头等。

1.2 技术特征

1.2.1 分布式软总线

分布式软总线能够让多个设备融合为一个设备，带来设备内和设备间高吞吐、低时延、高可靠的流畅连接体验。分布式软总线是多种终端设备的统一基座，为设备之间的互联互通提供了统一的分布式通信能力，能够快速发现并连接设备，高效地分发任务和传输数据。分布式软总线示意图，如图1.1所示。

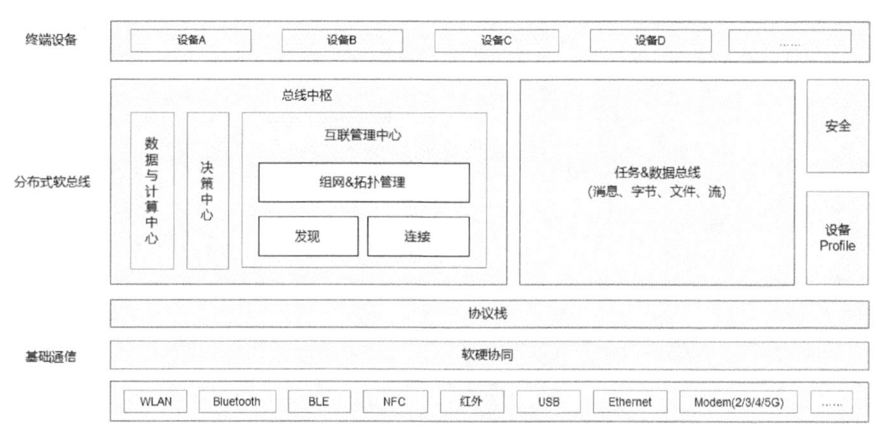

图1.1　分布式软总线示意图

传统的设备是由设备内部的硬总线连在一起的，硬总线是设备内部的部件之间进行通信的基础。而分布式软总线融合近场和远场的通信技术，并充分发挥近场通信的技术优势。分布式软总线承担了任务总线、数据总线和总线中枢三大功能。其中，任务总线负责将应用程序在多个终端上快速分发；数据总线负责数据在设备间的高性能分发和同步；总线中枢起到协调控制的作用，用于自动发现并组网，以及维护设备间的拓扑关系。

目前，分布式软总线在性能上已经无限逼近硬总线的能力，鸿蒙系统的分布式软总线已经可以实现异构融合网络，比如使用蓝牙通信的设备和使用 Wi-Fi 通信的设备可以互见互联，一次配网之后可以自发现、自连接。分布式软总线也可以实现动态时延校准，比如手机将视频分享给智慧屏，并且将音频分享给音箱，分享之后音频、视频依然是同步的。

1.2.2 分布式设备虚拟化

分布式设备虚拟化平台可以实现不同设备的资源融合、设备管理、数据处理，多种设备共同形成一个超级虚拟终端。针对不同类型的任务，为用户匹配并选择能力合适的执行硬件，让业务连续地在不同设备间流转，充分发挥不同设备的资源优势。分布式设备虚拟化示意图如图 1.2 所示。

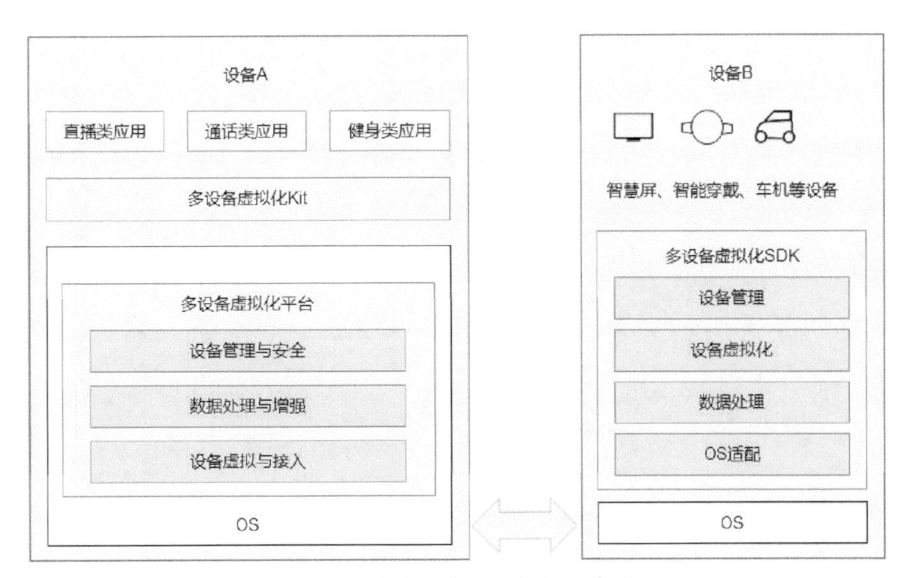

图 1.2 分布式设备虚拟化示意图

1.2.3 分布式数据管理

分布式数据管理基于分布式软总线的能力，实现应用程序数据和用户数据的分布式管理。用户数据不再与单一物理设备绑定，业务逻辑与数据存储分离，当跨设备运行应用时数据可以无缝衔接，为打造一致、流畅的用户体验创造了基础条件。分布式数据管理示意图如图 1.3 所示。

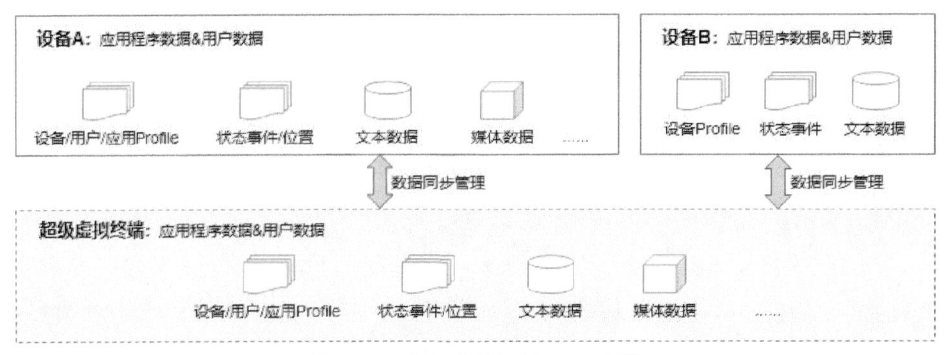

图 1.3　分布式数据管理示意图

分布式的数据管理让跨设备数据处理如同本地数据处理一样方便快捷，基于鸿蒙操作系统的分布式数据管理能力，华为 5G 通信技术的增益使硬件设备之间的界限变得越来越模糊，一个设备可能会成为另外一个设备的子部件，或者多个设备成为一个整体设备，从而实现数据共享、算力共享、AI 共享。

1.2.4 分布式任务调度

分布式任务调度基于分布式软总线、分布式数据管理、分布式 Profile 等技术特性，构建统一的分布式服务管理（发现、同步、注册、调用）机制，支持对跨设备的应用进行远程启动、远程调用、远程连接、迁移等操作，能够根据不同设备的能力、位置、业务运行状态、资源使用情况、用户的习惯和意图，选择合适的设备运行分布式任务。

1.2.5 一次开发，多端部署

鸿蒙系统提供了用户程序框架、 Ability 框架及 UI（User Interface，用户界面）框架，支持在应用开发过程中复用多终端的业务逻辑和界面逻辑，能够实现应用的一次开发、多端部署，提升了跨设备应用的开发效率。一次开发、多端部署示意图如图 1.4 所示。

图 1.4　一次开发、多端部署示意图

1.2.6 弹性部署

鸿蒙系统通过组件化和小型化等设计方法，支持多种终端设备按需弹性部署，能够适配不同类别的硬件资源和功能需求。支撑通过编译链关系自动生成组件化的依赖关系，形成组件树依赖图，支撑产品系统的便捷开发，降低硬件设备的开发门槛。鸿蒙系统的弹性部署主要体现在以下几个方面。

◆ 支持各组件的选择（组件可有可无）：根据硬件的形态和需求，可以选择所需的组件。

◆ 支持组件内功能集的配置（组件可大可小）：根据硬件的资源情况和功能需求，可以选择配置组件中的功能集。例如，选择配置图形框架组件中的部分控件。

◆ 支持组件间关联（平台可大可小）：根据编译链关系，可以自动生成组件化的依赖关系。例如，选择图形框架组件，将会自动选择依赖的图形引擎组件等。

1.3 技术框架

鸿蒙系统整体遵从分层设计，从下往上依次为：内核层、系统服务层、框架层和应用层。系统功能按照“系统 > 子系统 > 功能 / 模块”逐级展开，在多设备部署场景下，支持根据实际需求裁剪某些非必要的子系统或功能 / 模块。鸿蒙系统技术架构如图 1.5 所示。

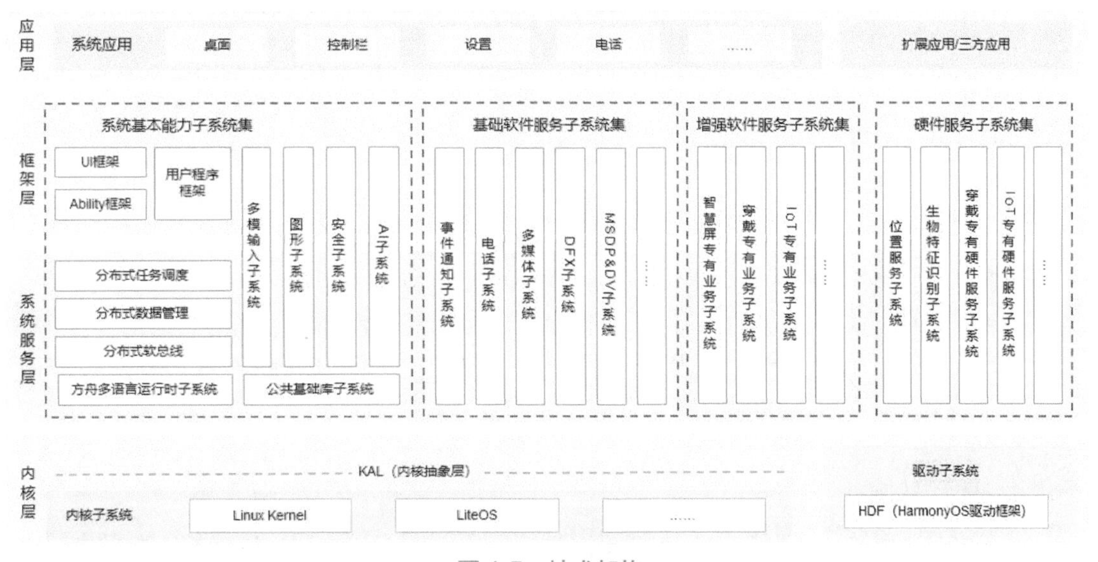

图 1.5 技术架构

1.3.1 内核层

鸿蒙系统的内核层又可以分为内核子系统和驱动子系统。

◆ 内核子系统：鸿蒙系统采用多内核设计，支持针对不同资源受限设备选用适合的内核。内核抽象层（KAL，KernelAbstract Layer）通过屏蔽多内核差异，对上层提供基础的内核能力，

包括进程 / 线程管理、内存管理、文件系统、网络管理和外设管理等。

◆ 驱动子系统：鸿蒙系统驱动框架（HDF）是鸿蒙系统硬件生态开放的基础，提供统一外设访问能力和驱动开发、管理框架。

1.3.2 系统服务层

系统服务层是鸿蒙系统的核心能力集合，通过框架层对应用程序提供服务。该层包含以下几个部分。

◆ 系统基本能力子系统集：为分布式应用在鸿蒙系统多设备上的运行、调度、迁移等操作提供了基础能力，由分布式软总线、分布式数据管理、分布式任务调度、方舟多语言运行时子系统、公共基础库、多模输入、图形、安全、AI 等子系统组成。其中，方舟运行时提供了 C/C++/JavaScript 多语言运行时和基础的系统类库，也为使用方舟编译器静态化的 Java 程序（即应用程序或框架层中使用 Java 语言开发的部分）提供运行时。

◆ 基础软件服务子系统集：为鸿蒙系统提供公共的、通用的软件服务，由事件通知、电话、多媒体、DFX、MSDP&DV 等子系统组成。

◆ 增强软件服务子系统集：为鸿蒙系统提供针对不同设备的、差异化的能力增强型软件服务，由智慧屏专有业务、穿戴专有业务、IoT 专有业务等子系统组成。

◆ 硬件服务子系统集：为鸿蒙系统提供硬件服务，由位置服务、生物特征识别、穿戴专有硬件服务、IoT 专有硬件服务等子系统组成。

根据不同设备形态的部署环境，基础软件服务子系统集、增强软件服务子系统集、硬件服务子系统集内部可以按子系统粒度裁剪，每个子系统内部又可以按功能粒度裁剪。

1.3.3 框架层

框架层为鸿蒙系统的应用程序提供了 Java/C/C++/JavaScript 等多语言的用户程序框架、Ability 框架（Ability 是应用所具备的能力的抽象），以及各种软硬件服务对外开放的多语言框架 API；同时为采用鸿蒙系统的设备提供了 C/C++/JavaScript 等多语言的框架 API，不同设备支持的 API 与系统的组件化裁剪程度相关。

1.3.4 应用层

应用层包括系统应用和第三方非系统应用。鸿蒙系统的应用由一个或多个 FA（Feature Ability，特色能力抽象，也可称为页面能力抽象）或 PA（Particle Ability，微型能力抽象）组成。其中，FA 有 UI 界面，提供与用户交互的能力；而 PA 无 UI 界面，提供后台运行任务的能力以及统一的数据访问抽象。基于 FA/PA 开发的应用，能够实现特定的业务功能，支持跨设备调度与分发，为用户提供一致、高效的应用体验。

1.4　安装开发环境

1.4.1 下载DevEco Studio

想开发基于鸿蒙系统的应用，首先需要下载并安装对应的开发环境 DevEco Studio。目前这个开发环境的集成已经非常高了，只需要这一个软件就能实现鸿蒙应用的开发。我们首先打开鸿蒙系统的主页，如图 1.6 所示。

图 1.6　鸿蒙系统的主页

接着，在鸿蒙系统的主页中单击“开发”进入开发页面，如图 1.7 所示。

图 1.7　鸿蒙系统开发页面

在这里，我们能看到大的方向分为“应用开发”和“设备开发”，其中“应用开发”指的是手机、手表、平板电脑、电视机这类电子产品上的应用开发，而“设备开发”指的是IoT设备上功能的开发。本书的主要内容是“应用开发”，因此这里单击“应用开发”。

在新的页面中向下浏览能看到一个在线体验的功能，单击“立即体验”即可进入体验页面，体验页面如图 1.8 所示。

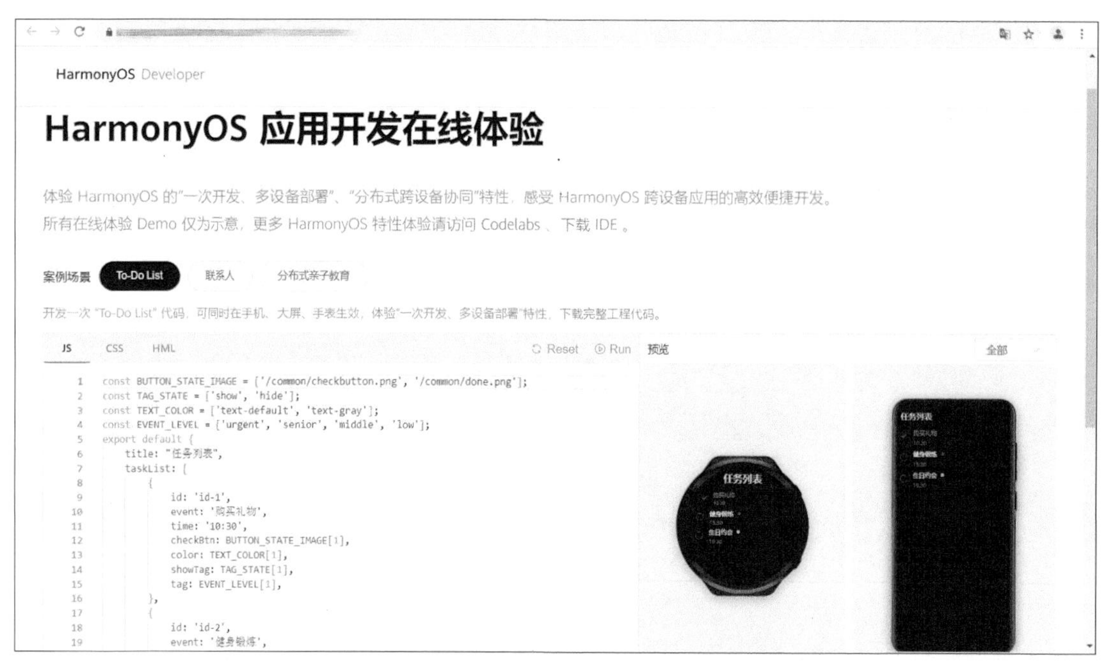

图 1.8　鸿蒙系统应用开发在线体验页面

这个功能可以让我们不用下载、安装开发环境就能体验开发鸿蒙系统应用的效果与方式。这个页面中提供了 3 个示例：任务清单（To-Do List）、联系人、分布式亲子教育。我们通过单击示例名称对应的按钮就能体验对应的示例。按钮下方的页面分为左、右两部分，左侧对应的是代码，右侧对应的是应用效果展示（图 1.8 所示为在手表和手机上的效果展示）。大家可以尝试着修改一下代码，看看右侧会有什么变化，比如修改 To-Do List 中的任务或者联系人中的名字。当修改完代码后，单击左侧代码区域右上角的“Run”就能在右侧区域查看到修改后的效果了。

在线体验的示例都是基于 JavaScript 的，如果大家有一定的 JavaScript 及 CSS 基础，就会觉得开发一个鸿蒙系统的应用非常简单。

体验后，回到上一层页面，再向下浏览，我们能看到 HUAWEI DevEco Studio 下载功能，如图 1.9 所示。

图 1.9　下载 DevEco Studio 的按钮

单击“HUAWEI DevEco Studio 下载”即可进入下载页面，如图 1.10 所示。

图 1.10　下载页面

在这里，我们能看到 DevEco Studio 支持 Windows 平台和 macOS 平台。本书以 Windows 平台为例进行讲解，此处选择 Windows 版本的 DevEco Studio 进行下载，为保证 DevEco Studio 正常运行，建议计算机配置满足如下要求。

◆ 操作系统：Windows10 64 位。

◆ 内存：8GB 或以上。

◆ 硬盘：100GB 或以上。

◆ 分辨率：1280 像素 ×800 像素或以上。

1.4.2 安装DevEco Studio

下载的文件是一个压缩包，将文件解压后能够得到一个名为 deveco-studio.exe 的可执行文件，双击这个文件，就开始安装 DevEco Studio 了，如图 1.11 所示。

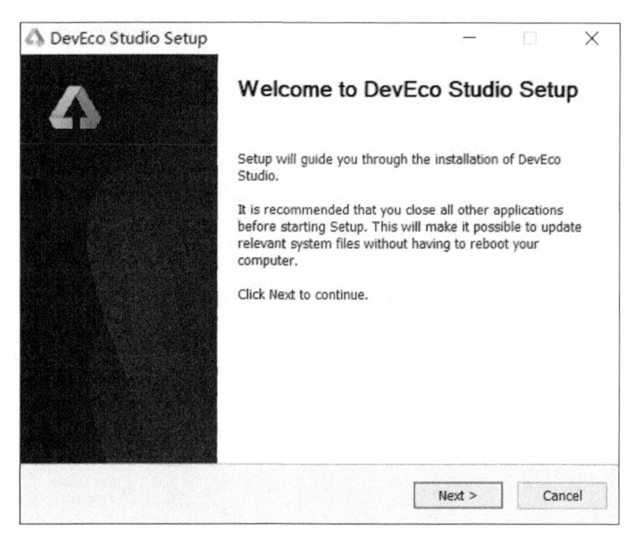

图 1.11　安装 DevEco Studio

在弹出的对话框中选择“Next”，使用默认的安装路径，再单击“Next”，会看到图 1.12 所示的对话框。

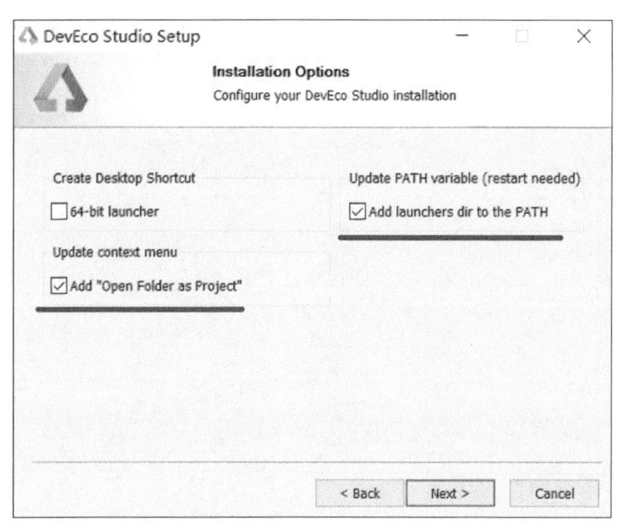

图 1.12　配置 DevEco Studio 安装选项的对话框

这是一个配置 DevEco Studio 安装选项的对话框，此处建议勾选所有选项，并单击“Next”。在这里，我没有勾选创建桌面快捷方式选项（没有在 Create Desktop Shortcut 区域选中 64-bit launcher 复选框）。

接下来，计算机就开始正式安装 DevEco Studio 了，如图 1.13 所示。

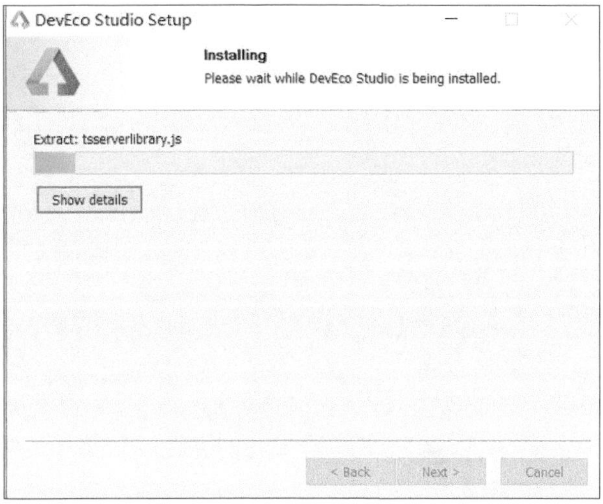

图 1.13　显示安装 DevEco Studio 时的进度

在这个对话框中会有一个安装 DevEco Studio 的进度条，当进度条走完会出现图 1.14 所示的安装完成的对话框。这个对话框会提示我们重启计算机完成安装，如果此处选择“Reboot now”，再单击“Finish”计算机会立刻重启；如果选择“I want to manually reboot later”，再单击“Finish”计算机会在我们手动进行对应操作后重启。

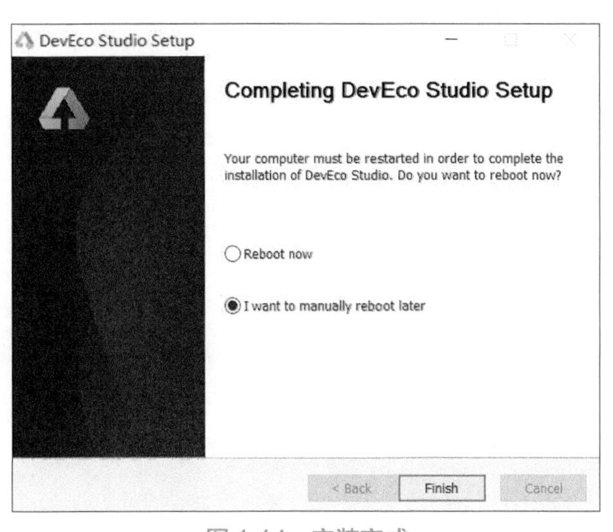

图 1.14　安装完成

1.4.3 配置DevEco Studio

安装完 DevEco Studio 后，如果是使用 JavaScript 进行应用开发的话，还需要 NPM（NodeJS 的包管理工具）设置信息，如图 1.15 所示。

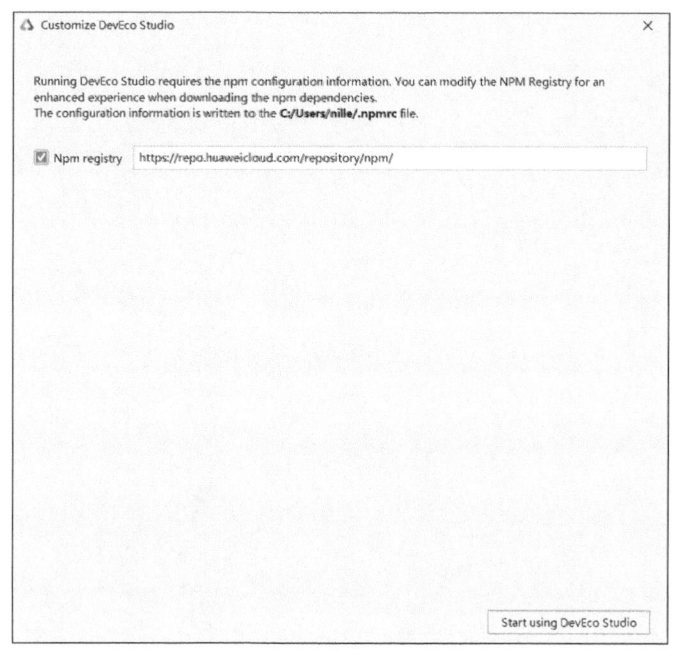

图 1.15　运行 DevEco Studio 需要 NPM 设置信息

这里选择默认的网络地址，然后单击“Start using DevEco Studio”，开始使用 DevEco Studio。

接下来是安装鸿蒙系统的 SDK，如图 1.16 所示。

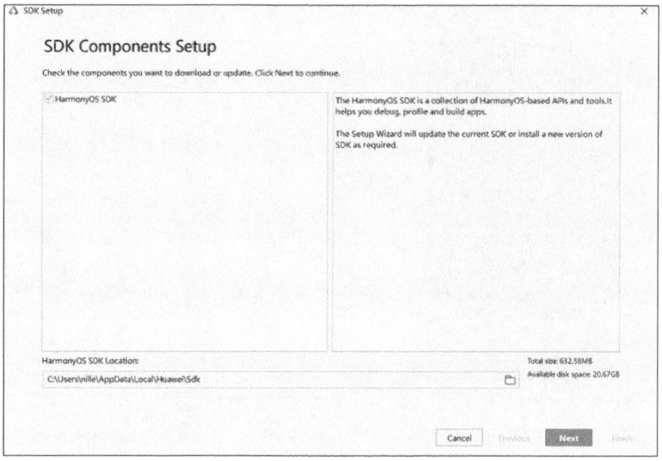

图 1.16　安装鸿蒙系统的 SDK

鸿蒙系统 SDK 是基于鸿蒙系统的 API 和工具的集合。它会帮助我们调试、分析和构建应用程序。这里选择默认的 SDK 安装路径，然后单击“Next”。

在新打开的窗口中，需要确认已经阅读并且接受了用户许可协议中的条款和条件，如图 1.17 所示。选中“Accept”，然后单击“Next”下载相关 SDK。安装向导将根据需要更新当前 SDK 或安装新版本的 SDK。

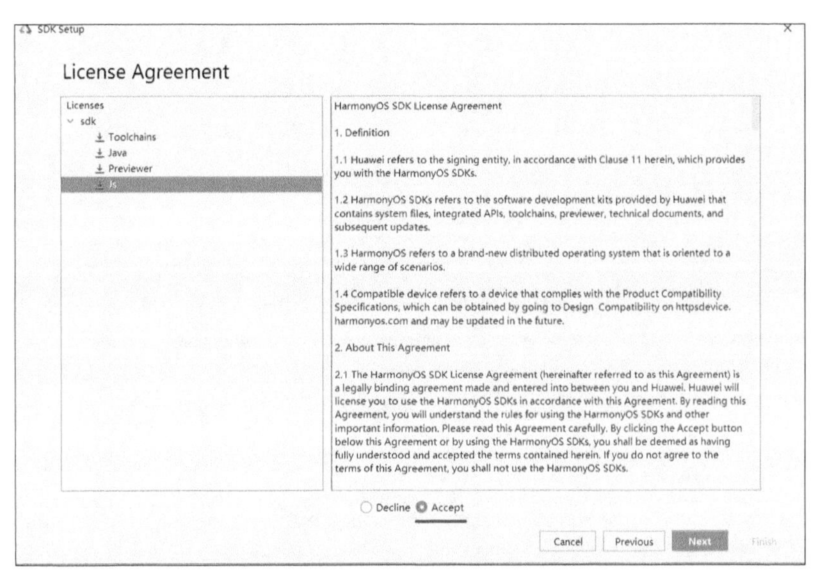

图 1.17　SDK License

安装完 SDK 后会弹出图 1.18 所示的界面，这表示可以使用 DevEco Studio 了。

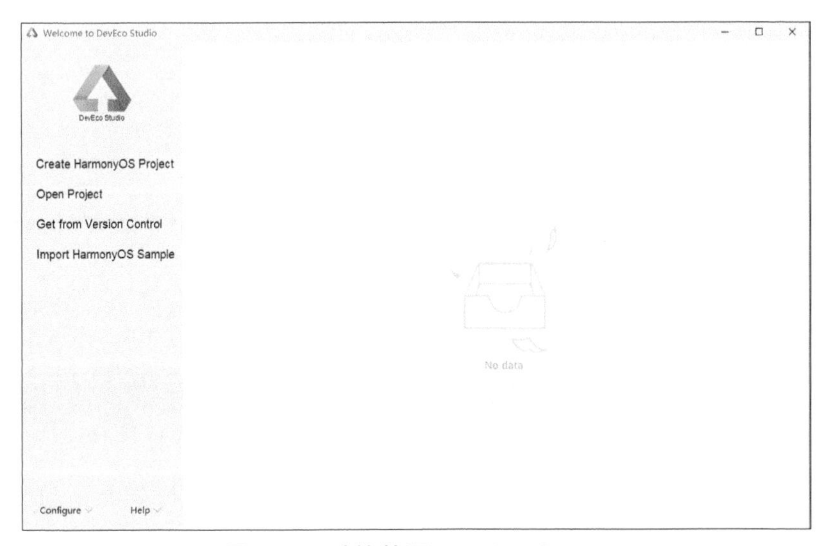

图 1.18　欢迎使用 DevEco Studio

安装并搭建好鸿蒙系统应用的开发环境后，我们通过一个小项目了解一下具体的操作方法。

第 2 章 牛刀小试

2.1 创建项目

2.1.1 创建新项目

在 DevEco Studio 中有两种创建项目的方法，第一种是单击图 1.18 左侧菜单的一项——Create HarmonyOS Project，单击这个按钮会出现图 2.1 所示的对话框。

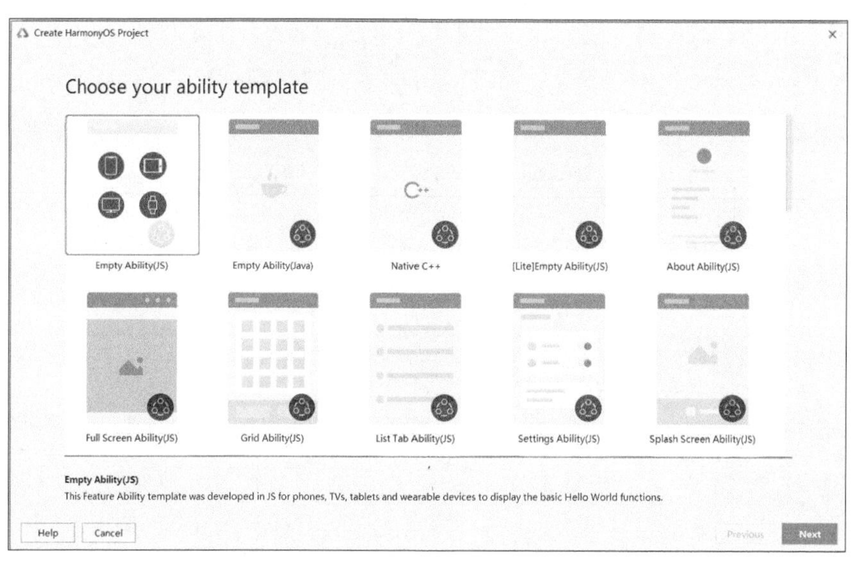

图 2.1 Create HarmonyOS Project 对话框

在这个对话框中，我们需要根据模板图标选择应用的大致类型、应用所运行的设备和开发应用所使用的语言。应用的种类包含空项目、全屏项目、列表展示等，我们可以通过模板的图标样式及模板的名称进行选择，这里注意看一下模板的名称后面大部分有一个括号，其中（JS）表示模块的开发语言为 JavaScript，而（Java）表示模块的开发语言为 Java。

当选中一个模块的时候，图标会显示出这个模块支持的设备，开发环境包含 4 种设备，分别是手机、平板电脑、电视机和手表，我们通过小图标能够直观分辨出来。这里我们就创建一个使用 JavaScript 语言进行开发的空项目。

在新打开的窗口中配置新建的项目，如图 2.2 所示。这里需要分别设置项目名、项目类型、包名、项目的保存位置、可兼容的 API 版本和所运行的设备。

Create HarmonyOS Project

Configure your project

Project Name

MyApplication

Project Type

Service　Application

Package Name

com.example.myapplication

Save Location

C:\Users\nille\DevEcoStudioProjects\MyApplication

Compatible API Version

SDK: API Version 4

Device Type

Phone　Tablet　TV　Wearable

Help　Cancel　Previous　Finish

图 2.2　创建项目

项目名保持不变，还是为 MyApplication；项目类型为 Application（应用）；DevEco Studio 会自动生成一个 Package name（包名），为 com.example.myapplication；Save location 和 Compatible API Version 都使用默认的配置；最后选上可以运行的设备类型，并单击“Finish”，这个空项目就创建完成了，此时的界面如图 2.3 所示。

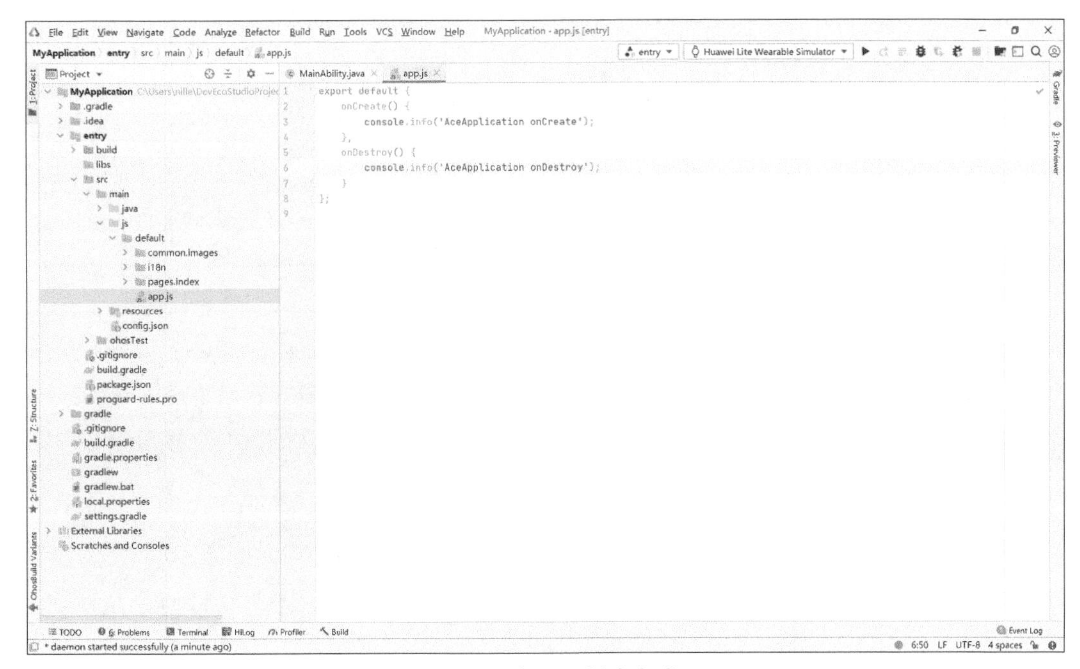

图 2.3　空项目创建完成

2.1.2 导入模板

第二种创建项目的操作是单击图 1.18 中左侧菜单的最后一项——Import HarmonyOS Sample，单击后会出现图 2.4 所示的对话框。

图 2.4　Import HarmonyOS Sample 对话框

在这个对话框中，我们可以根据应用所实现的功能在左侧的菜单中选择一个模板导入并进行开发。采用导入形式的好处是在一个搭建好的框架上进行开发，能缩短开发的时间，提高开发的效率，同时也能够很快看到所要实现的效果。

2.2　项目预览

让我们回到刚刚创建的空项目，虽然这是一个空项目，但并不表示什么都没有。实际上这个空项目的界面中有一个应用，这个应用非常简单，只是显示一句“你好 世界”。

2.2.1 打开预览窗口

在 DevEco Studio 当中，能够很方便地预览应用的运行效果，只需单击菜单栏“View”中的“Tool Windows”，在展开的子菜单中单击“Previewer”（快捷键为 Alt+3），如图 2.5 所示，就可以打开预览窗口了。预览窗口中的预览效果如图 2.6 所示。

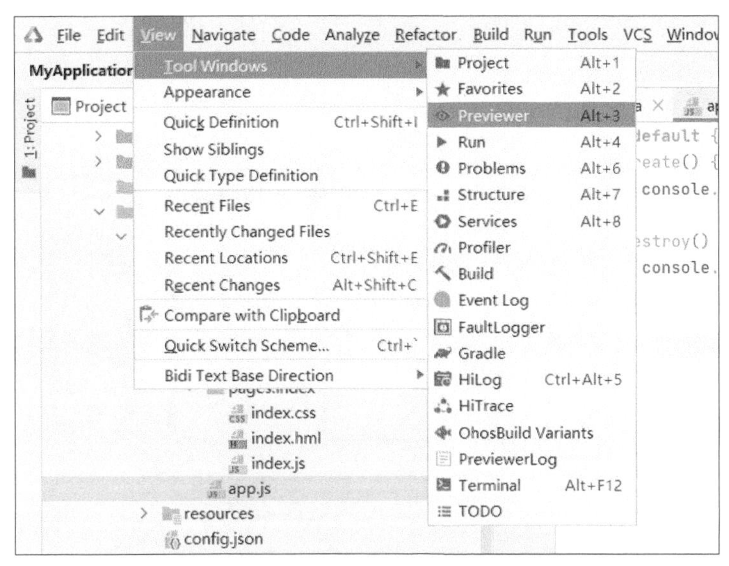

图 2.5　单击“Previewer”打开预览窗口

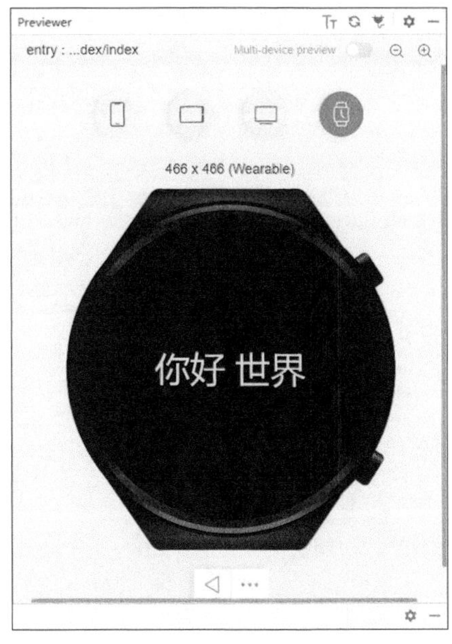

图 2.6　预览窗口的预览效果

2.2.2 切换设备

由于我们之前选择了 4 种可以运行的设备类型，所以在这个预览窗口中能看到有 4 个表示设备类型的图标，单击不同图标就能够看到这个应用在不同类型的设备上运行的效果了。这里默认显示的预览设备是手表，在这个手表的中间显示了文本“你好 世界”。如果单击平板电脑图标，则预览效果如图 2.7 所示。

图 2.7　在平板电脑中的预览效果

为了能更灵活地查看预览窗口，我们可以单击窗口右上角的齿轮状按钮（Show Options Menu 按钮），如图 2.7 右上角的红圈所示。

在打开的选项菜单中选中“View Mode”，然后单击“Window”，如图 2.8 所示。

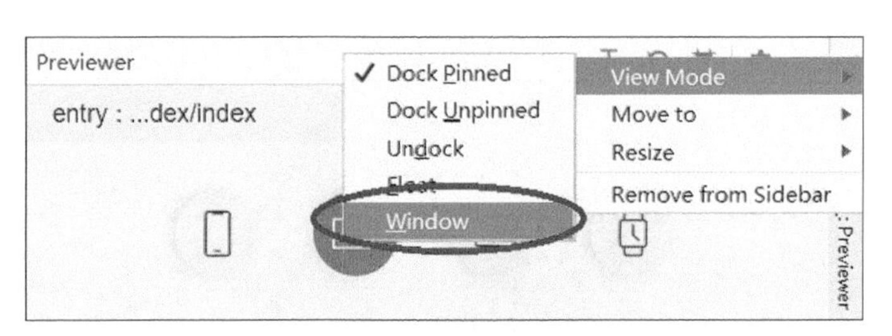

图 2.8　设置预览窗口

此时，预览窗口就变成了一个浮动的窗口，同时窗口右上角还有最小化、最大化按钮。最大化预览窗口后如图 2.9 所示。单击图 2.9 右上角的“Multi-device preview”还可以实现多设备显示效果同时预览。

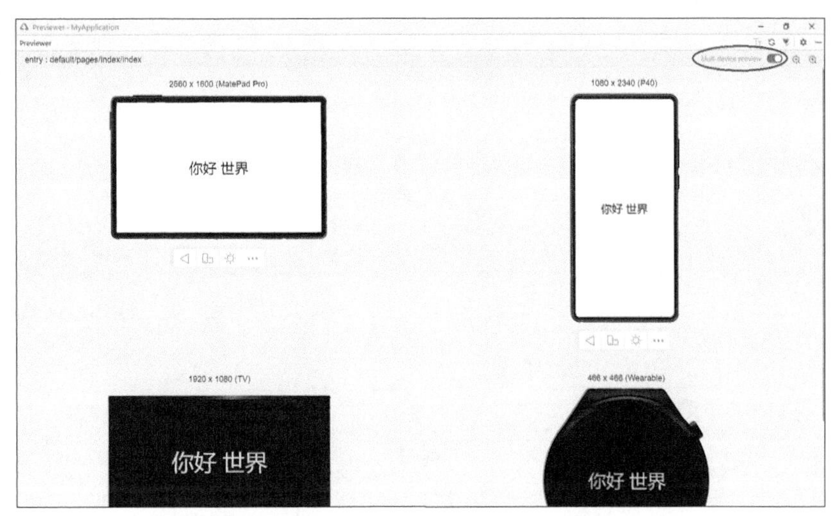

图 2.9　最大化的预览窗口

这个界面中，我们能看到每个预览设备下面还分别有几个按钮。预览设备平板电脑和手机下面的按钮包含“回退（向左的箭头）”“切换横屏 / 竖屏”“切换白天 / 夜晚模式”及“更多设置”功能；预览设备电视机和手表下面的按钮包含“回退（向左的箭头）”“更多设置”功能。这是因为对于电视机和手表来说，不会有“切换横屏 / 竖屏”“切换白天 / 夜晚模式”的操作。

在“更多设置”中，我们可以设置设备的默认语言。虽然默认语言的可选项有很多，但因为这些选项和代码相关，也就是代码中必须有对应的语言内容才能在预览设备中看到相应的预览效果，这个我们在稍后分析项目时再详细介绍。对于这个空项目，我们可以设置预览设备电视机的默认语言为“en-US”，然后会看到预览设备电视机中的文字由“你好 世界”变成了“Hello World”，如图 2.10 所示。

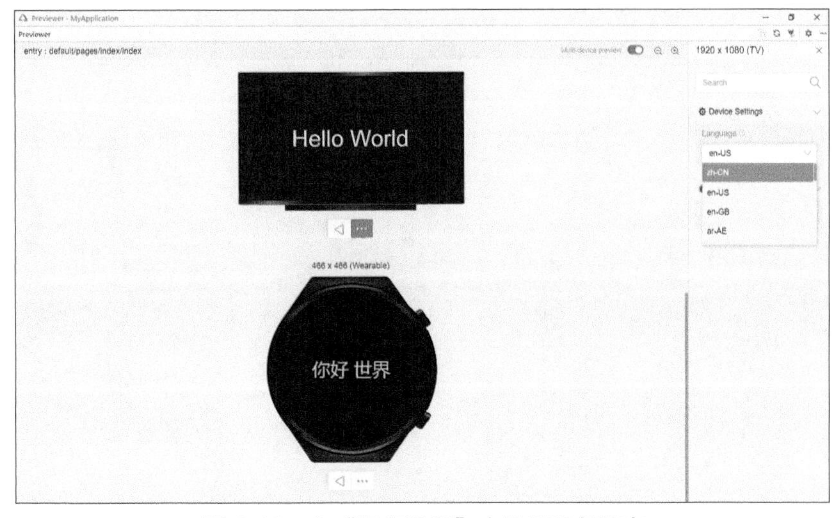

图 2.10　在“更多设置”中设置设备语言

2.3 项目分析

我们已经看到了这个项目的运行效果，下面就来简单分析一下这个项目。

2.3.1 应用工程结构

鸿蒙系统应用发布形态为 App Pack（Application Package，简称 APP），它是由一个或多个 HAP（HarmonyOS Ability Package）及描述 App Pack 属性的 pack.info 文件组成的。

一个 HAP 在工程目录中对应一个 Module，它由代码、资源、第三方库及应用清单文件组成，HAP 可以分为 Entry 和 Feature 两种类型。

◆ entry 为应用的主模块，默认启动。对于同一设备类型，一个 App 必须有且只有一个可以独立安装运行的 entry 类型的 HAP。

◆ feature 为应用的动态特性模块。一个 App 可以包含一个或多个 feature 类型的 HAP，也可以不含。

一个项目的工程结构可以参考图 2.3 中左侧的目录进行理解。在这里，我们着重了解一下 entry>scr 中的 main。main 包含的内容如下。

◆ entry>src>main>java：用于存放 Java 源码。

◆ entry>src>main>js：用于存放 JavaScript 相关的源码。

◆ entry>src>main>resources：用于存放资源文件。

◆ entry>src>main>config.json：JOSN 格式的 HAP 清单文件，文件由“app”“deviceConfig”“module”组成，缺一不可，内容主要涵盖 3 个方面：（1）应用的全局配置信息，包含应用的包名、生产厂商、版本号等；（2）应用在具体设备上的配置信息；（3）HAP 的配置信息，包含每个 Ability 必须定义的基本属性（如包名、类名、类型以及 Ability 提供的能力）及应用访问系统或其他应用受保护部分所需的权限等。

说明：JSON（JavaScript Object Notation）是一种轻量级的数据交换格式。采用完全独立于编程语言的文本格式来存储和表示数据。简洁、清晰的层次结构使得JSON 成为理想的数据交换语言。JSON 易于人们阅读和编写，同时也易于机器解析和生成，这有效地提升了网络传输效率。

JSON 的数据格式很像字典，是通过键值对来保存数据的，不过 JSON 数据对象的类型是字符串。在 JSON 的数据格式中，一对键值（关键字与对应的值）之间用分号分隔，键值对之间用逗号分隔，一个 JSON 数据对象放在一对大括号中。JSON 的值可以是数字（整数或浮点小数）、字符串（放在引号之中）、布尔值（True 或 False）、数组（放在方括号中）、对象（放在大括号中）、null（空），甚至可以是另一个 JSON 对象或是 JSON 对象组成的数组（JSON 对象放在方括号内并用逗号分隔开）。

2.3.2 目录中的js

因为我们创建的是使用 JavaScript 语言进行开发的空项目，所以我们再了解一下 entry>src>main 中的 js。js 中有一个 default，default 中包括的内容如下。

◆ pages.index：pages 目录下存放的都是页面相关的子目录，pages.index 表示 pages 目录下的 index 子目录，用于存放 index 页面相关的文件，文件的类型主要包含 .css、.js、.hml。

◆ common.images：用于存放公共的图像资源文件。

◆ i18n：是开发保留文件夹，不可重复命名，用于配置不同语言场景资源内容，比如应用文本词条，图片路径等。

◆ app.js 文件：是新项目被创建后，默认打开的文件，用于管理全局 JavaScript 逻辑和应用生命周期。

当我们点开 pages.index 后，会看到 3 个文件：index.hml、index.css 和 index.js。其实基于 JavaScript 的鸿蒙系统应用开发和 Web 页面开发非常相似，我们在预览窗口中看到的内容就是由这 3 个文件组成的。鸿蒙系统应用中的任何一个页面，都对应着一个 .hml 文件、一个 .css 文件和一个 .js 文件，这三者与显示内容的关系如下。

◆ .hml 文件定义了页面的布局结构、使用到的元素或组件及这些元素或组件的层级关系。

◆ .css 文件定义了页面的样式与布局，包含样式选择器和各种样式属性等。

◆ .js 文件描述了页面的行为逻辑，此文件里定义了页面里所用到的所有的逻辑关系，比如数据、事件等。

虽然使用 Web 页面开发技术（浏览器渲染网页时所使用的 HEML、CSS 和 JavaScript）开发鸿蒙系统的应用降低了开发人员的门槛，但直接将这些技术搬到鸿蒙系统的应用开发上是不合适的。因此，鸿蒙对 HTML、CSS 和 JavaScript 做了很多裁剪和优化，这也是为什么鸿蒙系统开发中的文件是 index.hml 而不是 index.html。另外，index.js 文件只支持 ECMAScript 5.1 的语法，使用 ECMAScript6 语法编写的代码会被自动转换为 ECMAScript 5.1 语法的代码。

2.3.3 显示内容的修改

接下来，我们尝试修改一下应用的显示内容。我们首先打开 index.hml 和 index.css 文件，因为初次尝试可以先不考虑交互或事件的处理，所以可以先不用打开 index.js 文件。

index.hml 文件的内容如程序 2.1 所示，index.css 文件的内容如程序 2.2 所示。

程序2.1

```
<div class="container">
    <text class="title">
        {{ $t('strings.hello') }} {{ title }}
    </text>
</div>
```

程序2.2

```
.container {
    flex-direction: column;
    justify-content: center;
    align-items: center;
}
.title {
    font-size: 40px;
    color: #000000;
    opacity: 0.9;
}
@media screen and (device-type: tablet) and (orientation: landscape) {
    .title {
        font-size: 100px;
    }
}
@media screen and (device-type: wearable) {
    .title {
        font-size: 28px;
        color: #FFFFFF;
    }
}
@media screen and (device-type: tv) {
    .container {
        background-image: url("../../common/images/Wallpaper.png");
        background-size: cover;
        background-repeat: no-repeat;
        background-position: center;
    }
    .title {
        font-size: 100px;
        color: #FFFFFF;
    }
}
@media screen and (device-type: phone) and (orientation: landscape) {
    .title {
        font-size: 60px;
    }
}
```

index.hml 文件的内容比较少，编写这个文件主要使用的是 XML 语言。XML 是 Extensible Markup Language（可扩展标记语言）的简写，这种语言是为了丰富 HTML（HyperText Markup Language，超级文本标记语言）语言的应用而公布的。HTML 语言是通过标记符号来标记要显示的各个部分的，标记符号包括尖括号、标记元素、属性项等，必须使用半角的西文字符，不能使用全角字符。标记元素必须使用尖括号括起来，带斜杠的标记元素表示该标记作用结束；大多数标记符号必须成对使用，以表示作用的起始和结束；标记元素不区分大小写，一个标记元素的内容可以写成多行。

XML 语言相对于 HTML 语言具有以下特点。

◆ XML 文档区分大小写。

◆ XML 文档有且只有一个根元素，其他元素都是这个根元素的子元素，根元素的起始标记要放在所有其他元素的起始标记之前，且根元素的结束标记要放在所有其他元素的结束标记之后。

◆ XML 可用于交换数据。

◆ 在 HTML 中，属性值可以加引号，也可以不加。但是 XML 规定，所有属性值必须加引号，否则被视为错误。

◆ XML 与软件、硬件和应用程序无关，其数据可以被更多的用户、设备所利用，而不仅仅限于基于 HTML 标准的浏览器。

◆ 基于 XML 可以创建新的语言，如 WAP 语言和 WML 语言。

◆ 在 HTML 中，标记可以不成对出现，但在 XML 中，所有标记必须成对出现，有一个开始标记，就必须有一个结束标记，否则被视为错误。

index.hml 文件中包含的两个元素（在鸿蒙系统中通常叫作 Component 组件）：一个元素是容器 div（标记为 <div>，同时它也是根元素）；另一个元素是文本框 text（标记为 <text>）。这两个元素分别有一个 class 类的属性，元素 div 的类为 container，元素 text 的类为 title。index.hml 文件的结构如图 2.11 所示。

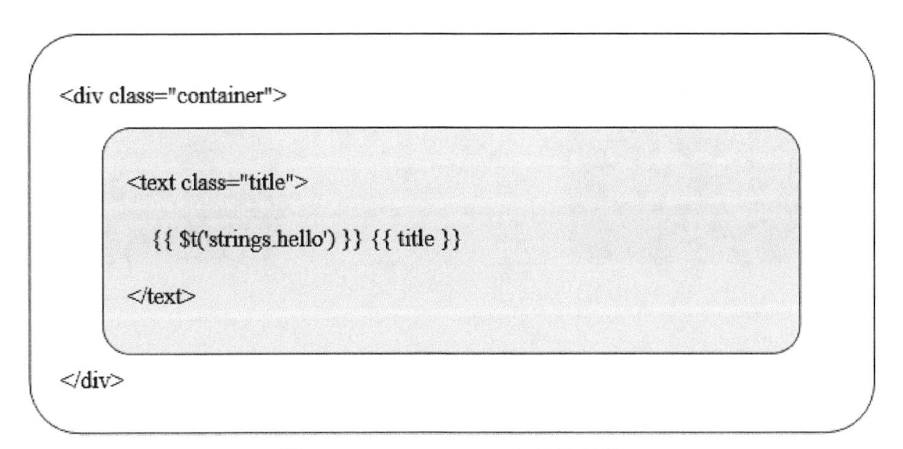

图 2.11　index.hml 文件的结构

在预览窗口中显示的内容是元素 text 中的内容，不过这里的内容“{{ $t('strings.hello') }} {{ title }}”和显示的“你好 世界”差别还是挺大的，这个我们放在后面专门介绍。现在我们再添加一个类为 title 的 text 文本元素、内容为本人的名字“程晨”的 text 元素，添加后的内容如程序 2.3 所示。

程序2.3

```
<div class="container">
    <text class="title">
        {{ $t('strings.hello') }} {{ title }}
    </text>
    <text class="title">
        程晨
    </text>
</div>
```

这时，我们重新打开预览窗口，就会看到在“你好 世界”的下方增加了文本“程晨”，预览效果如图 2.12 所示。

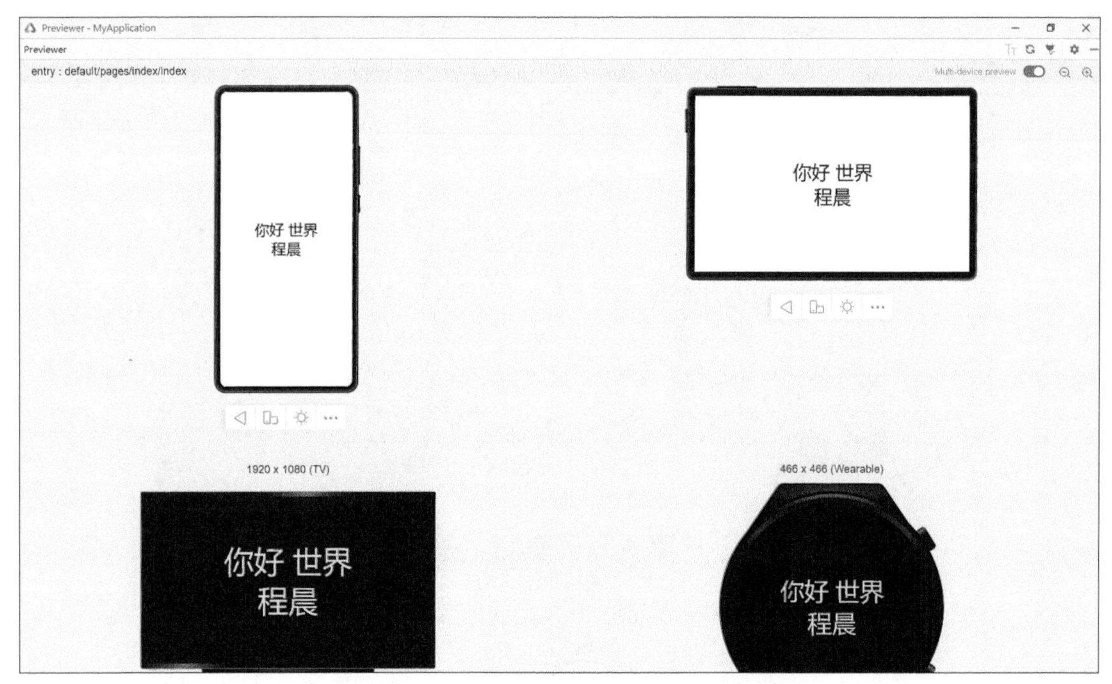

图 2.12　更改后预览窗口中的预览效果

此时文件 index.hml 的结构如图 2.13 所示。

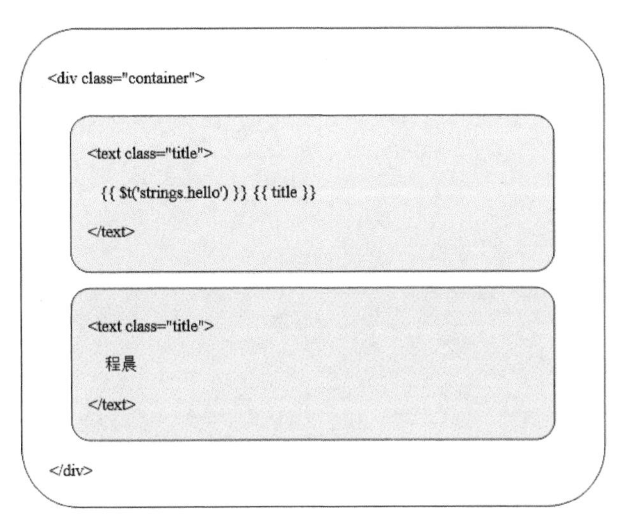

图 2.13　修改后的 index.hml 文件的结构

index.hml 文件中确定了显示的内容，而这些内容显示的格式则是由 index.css 文件决定的。这里先对 index.css 文件做一个简单的解释。

前面说过在 index.hml 中元素 div 的类为 container，元素 text 的类为 title。因此 index.css 文件先对这两个类的元素样式进行了说明（见程序 2.4）。

程序2.4（为程序2.2中的部分代码）

```
.container {
    flex-direction: column;
    justify-content: center;
    align-items: center;
}
.title {
    font-size: 40px;
    color: #000000;
    opacity: 0.9;
}
```

这表示在 .container（类选择器 container）中设定了这类元素的元素排列方向为纵向（flex-direction: column）、对齐方式为居中（align-items: center）、元素在主轴上的对其方式为居中（justify-content: center）；在 .title（类选择器 title）中设定这类元素的文本大小为 40 像素（font-size: 40px）、文本颜色为黑色（color: #000000）、不透明度为 0.9（opacity: 0.9）。

说明：这里大家只要了解这些属性名称对应的含义即可，关于 CSS 详细的介绍见下章。

由于这个项目支持 4 种设备，所以在 index.css 文件中针对不同的设备又做了单独的定义，如程序 2.5 就是对平板电脑（device-type：tablet）的单独定义，这里基于之前的通用定义，单独设定了 .title 中元素的文本大小为 100 像素（因为在平板电脑上显示的文字要比在手机上显示的大一些）。

程序2.5（为程序2.2中的部分代码）

```
@media screen and (device-type: tablet) and (orientation: landscape) {
    .title {
        font-size: 100px;
    }
}
```

而程序 2.6 则是对电视机（device-type：tv）的单独定义，这里基于之前的通用定义，单独设定 .container 中元素的背景为 Wallpaper.png，.title 中元素的文本大小为 100 像素（font-size：100px）、文本颜色为白色（color：#FFFFFF），这就是为什么在图 2.12 中手机、平板电脑上的文字是黑色的，而电视机、手表上的文字是白色的。

程序2.6（为程序2.2中的部分代码）

```
@media screen and (device-type: tv) {
    .container {
        background-image: url("../../common/images/Wallpaper.png");
        background-size: cover;
        background-repeat: no-repeat;
        background-position: center;
    }

    .title {
        font-size: 100px;
        color: #FFFFFF;
    }
}
```

我们尝试修改一下 index.css 文件，整体上让 .container 当中的元素排列方向为横向，并单独定义手表的文本颜色改为蓝色，电视机的背景为 common.images 中的 bg-tv.jpg。修改后 index.css 文件的内容如程序 2.7 所示。

程序2.7

```
.container {
    flex-direction: row;
```

```
    justify-content: center;
    align-items: center;
}
.title {
    font-size: 40px;
    color: #000000;
    opacity: 0.9;
}
@media screen and (device-type: tablet) and (orientation: landscape) {
    .title {
        font-size: 100px;
    }
}
@media screen and (device-type: wearable) {
    .title {
        font-size: 28px;
        color: #0000FF;
    }
}
@media screen and (device-type: tv) {
    .container {
        background-image: url("/common/images/bg-tv.jpg");
        background-size: cover;
        background-repeat: no-repeat;
        background-position: center;
    }
    .title {
        font-size: 100px;
        color: #FFFFFF;
    }
}
@media screen and (device-type: phone) and (orientation: landscape) {
    .title {
        font-size: 60px;
    }
}
```

此时查看预览窗口，预览效果如图 2.14 所示。

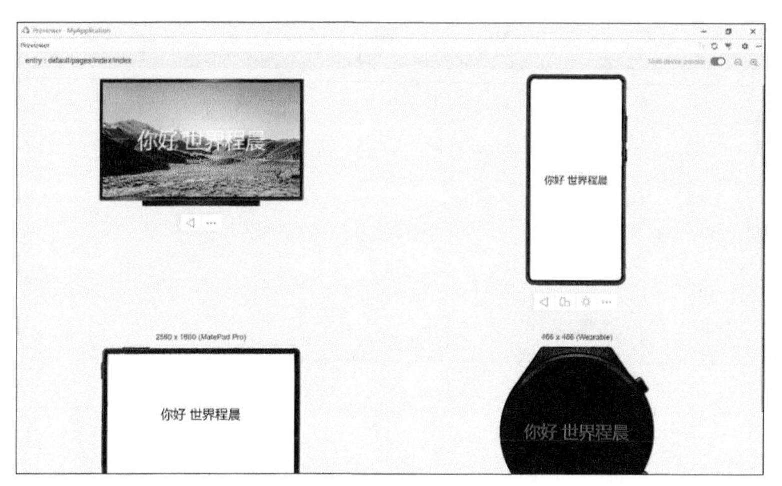

图 2.14　更改 index.css 文件后预览窗口中的预览效果

这里能看到，因为现在两个 text 元素是横向排列的，整体上之前的两行文字变成了一行文字。另外电视机的背景换了，手表上的文字变成了蓝色。

说明：因为这里访问了图像资源，所以介绍一下应用资源访问规则。

应用资源可通过绝对路径或相对路径的方式进行访问，这个开发框架中绝对路径以“/”开头，相对路径以“./”或“../”开头。具体访问规则如下。

（1）引用代码文件，例如代码文件 A 需要引用代码文件 B 时，如果代码文件 A 和代码文件 B 位于同一目录，则引用资源文件时可使用相对路径，也可使用绝对路径；如果代码文件 A 和代码文件 B 位于不同目录，则必须使用绝对路径。

（2）引用资源文件，推荐使用绝对路径。比如：/common/xxx.png。

（3）公共代码文件和资源文件推荐放在 common 目录下，通过规则（1）和规则（2）进行访问。

（4）在 .css 文件中通过 url() 函数创建 <url> 数据类型。

2.3.4 组件

通过以上的操作，我们知道元素或组件是构建页面的核心，每个组件通过对数据和方法的简单封装，实现独立的可视、可交互功能单元。组件之间相互独立，随取随用，也可以在需求相同的地方重复使用。开发者还可以通过合理搭配组件定义满足业务需求的新组件，减少开发量。

页面中元素或组件的层级关系是由 .hml 文件来确定的，而它们的样式与布局则是由 .css 文件确定的。关于各种元素或组件的介绍和使用，我们会在之后的章节中根据需要进行展开。

第 3 章 页面设计

在上一章中，我们介绍了鸿蒙系统应用中的任何一个页面都对应着一个 .hml 文件、一个 .css 文件和一个 .js 文件，其中页面风格由 .css 文件定义。在本章中，我们会专门介绍一下 CSS 语言，并展示如何利用介绍的内容设计应用中的页面。

3.1 CSS基础

3.1.1 什么是CSS

CSS 是 Cascading Style Sheet（层叠样式表）的简写，是一种用来表现 HTML 或 XML 等文件样式的计算机语言，可定义元素的显示方式，如字体、颜色、位置等属性。CSS 不仅可以静态地修饰网页，还可以配合各种脚本语言动态地对页面的各元素进行格式化。

CSS 能够对页面中元素位置的排版进行像素级精确控制，支持大多字体、字号样式，拥有对网页对象和模型样式编辑的能力。CSS 在页面设计领域是一个突破，可以实现修改一个小的样式，页面更新与之相关的所有元素。CSS 样式可以直接存储于 HTML 网页或者单独的 .css 文件中，而样式规则由一个或多个样式属性及其值组成。

3.1.2 CSS语法规则

在上一章中，我们已经看到了 CSS，同时还做了一点修改，不过可能并不知道为什么要这样修改。为了能够真正理解 CSS，我们需要先来了解一下 CSS 的语法规则。CSS 语法规则由两个主要的部分构成：选择器和一条或多条属性声明。具体的语法如下所示。

```
selector { property : value; property : value; property : value; }
```

选择器（selector）通常是需要改变样式的 HTML 元素，之后每条属性声明则由一个属性和一个值组成。属性（property）是希望设置的样式属性（style attribute）。每个属性有一个值（value），属性和值被冒号分开，而属性声明总是以分号（;）结束，最后所有的属性声明被放在一对大括号（{}）中。

举例来说，如果要设置 <text> 标记中内容的样式，则编写的 CSS 如程序 3.1 所示。

程序3.1

```
text{
   font-size: 12px;
}
```

这里 text 是标记选择，它表示大括号内的规则适用于带有 <text> 标记的所有元素。

大括号内，是对应的属性声明。声明首先写要设置什么属性，然后是冒号，接下来给出想要设置的值，最后使用分号结束这个声明。

缩进和换行在 CSS 中是无关紧要的，程序 3.1 也可以写成程序 3.2 所示的样子。

程序3.2

```
text{ font-size: 12px;}
```

3.1.3 选择器

在上面的示例中，大括号内的声明规则适用于带有 <text> 标记的所有元素。但是，在大多数情况下，我们需要更灵活的变化。假设你希望一个带有 <text> 标记的元素的字体大小为 12 像素，而另一个带有 <text> 标记的元素的字体大小为 14 像素，那怎么来设置这两个元素呢？

我们可以使用两种方法。第一种方法是使用 id。在 .hml 文件中，你不仅可以使用 <text> 标记，还可以添加 id。例如，你可以将 index.hml 文件改成程序 3.3。

程序3.3

```
<div class="container">
    <text id = "para1">
        你好 世界
    </text>
    <text id = "para2">
        你好 鸿蒙
    </text>
</div>
```

然后在 index.css 文件中，通过在井号（ # ）加 id 名称的方法选择相应的 id，并进行相应的设置，修改后的 index.css 文件如程序 3.4 所示。

程序3.4

```
.container {
    flex-direction: column;
    justify-content: center;
    align-items: center;
}
#para1
```

```
{
    font-size: 50px;
}
#para2
{
    font-size: 60px;
}
```

这里设置 id 为 para1 的元素字体大小为 50 像素，id 为 para2 的元素字体大小为 60 像素。此时预览中的显示效果如图 3.1 所示（在之后的操作中如无特殊说明均只展示手机设备上显示的效果）。

图 3.1　用 id 选择器设置元素样式

注意：id 在页面中应该是唯一的，不允许使用 2 个 <text id = "para1"> 标记。1 个 <text id = "para1"> 和 1 个 <p id = "para1" > 标记也是不允许的，因为它们具有相同的 id。

第二种方法是使用 class（类）。class 与 id 类似，但 class 可以不是唯一的。另外，id 的优先级高于 class。我们将 index.hml 文件改成程序 3.5。

程序3.5

```
<div class="container">
    <text class = "title1">
```

```
        你好 世界
    </text>
    <text class = "title2">
        你好 鸿蒙
    </text>
</div>
```

然后在 .css 文件中，通过点（.）加 class 名称的方法选择相应的类，并进行相应的设置，修改后的 index.css 如程序 3.6 所示。

程序3.6

```
.container {
    flex-direction: column;
    justify-content: center;
    align-items: center;
}
.title1
{
    font-size: 50px;
}
.title2
{
    font-size: 60px;
}
```

一个元素可以有多个类。多个类在 .hml 文件中用空格分隔。例如，下面所示的 text 就有两个类： myclass1 和 myclass2。

```
<text class="myclass1 myclass2">
……
</text>
```

如果我们有如下的 .css 文件，那么 myclass1 和 myclass2 的规则都适用于 text。

```
.myclass1 { …… }
.myclass2 { …… }
```

另外，CSS 的选择标识和规则是区分大小写的。因此下面两种形式都无法正常应用到对应的元素上。

```
.titlel
{
    font-SIZE: 50px;
}
```

```
或
.TITLE1
{
    font-size: 50px;
}
```

3.1.4 选择器优先级

现在我们已经学会了如何设置元素样式，也知道了可能会有多个规则应用于同一元素，那么这些规则的优先级是什么呢?

CSS 的优先级有如下 3 个原则。

◆ 原则 1：选择标记越具体，优先级越高。

◆ 原则 2：如果未指定样式，则元素从其父容器继承样式。

◆ 原则 3：在条件相同的情况下，采用最后声明的规则。

假设在之前的修改中由于失误，在 .css 文件中设定了两个 title1 的规则，如程序 3.7 所示。

程序3.7

```
.container {
    flex-direction: column;
    justify-content: center;
    align-items: center;
}
.title1
{
    font-size: 50px;
}
.title1
{
    font-size: 60px;
}
```

那么最后 class 为 title1 的文本大小是 60 像素。

说明：在 CSS 中，可以使用 /*……*/ 符号为代码添加注释。

3.2　盒子模型

3.2.1 什么是盒子模型

盒子模型是在使用 CSS 进行页面设计时引入的一个通俗的概念，这个概念把 CSS 中所有的元素或组件都被看成盒子。CSS 盒子由边沿、盒体、填充和内容组成，示意图如图 3.2 所示。

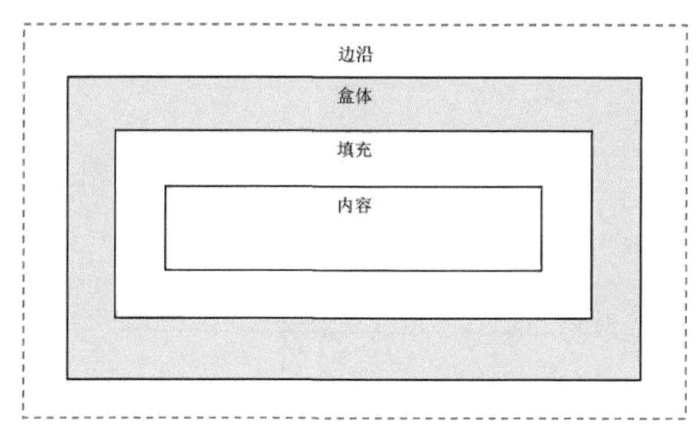

图 3.2　盒子模型示意图

图 3.2 中灰色的部分为盒体，这个盒体是有宽度的，盒体内是填充和内容，盒体外边是边沿。填充、盒体和边沿的厚度都可以用 CSS 修改，对应的属性为 padding、border 和 margin。假设我们修改 index.css 文件中 title1 的规则如程序 3.8 所示。

程序3.8

```
.title1
{
    margin:20px;
    border:5px solid red;
    padding:20px;
    font-size: 50px;
}
```

这表示要为 title1 的元素或组件增加一个框，这个框的粗细为 5 像素，线条为红色的实线，同时框内外都保留 20 像素的间距。此时在预览窗口中会看到图 3.3 所示的效果。

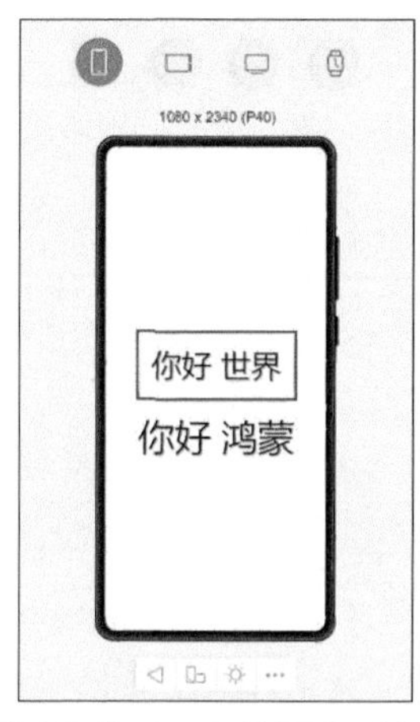

图 3.3　通过 CSS 为 title1 的元素或组件增加一个框

如果不设定属性 border 的值，那么是看不到框的，大家可以一个一个属性查看显示效果的变化。图 3.3 中在红框与“你好 世界”中间有 20 像素的空隙，且红框外侧与下面的“你好 鸿蒙”之间也有 20 像素的间隙。

3.2.2 盒子的宽度和高度

我们如果想要设定盒子模型中内容区域的高度和宽度，那么可以通过属性 width（宽度）和 height（高度）来设定。这两个属性值通常以像素（px）或百分比为单位，百分比表示内容区域将占据页面的比例。现在我们给图 3.3 的第二行文本也增加一个同样参数的框，然后就设定第一行文本的宽度为 200 像素，第二行文本的宽度为 80%，修改后的 .css 文件如程序 3.9 所示，在手机设备中的显示效果如图 3.4 所示。

程序3.9

```
.container {
    flex-direction: column;
    justify-content: center;
    align-items: center;
}
.title1
{
    margin:20px;
    border:5px solid red;
    padding:20px;
    font-size: 50px;
    width:200px;
}
.title2
{
    margin:20px;
    border:5px solid red;
    padding:20px;
    font-size: 60px;
    width:80%;
}
```

图 3.4　设定内容区域的宽的显示效果

这里由于按照属性值设定宽度后文本一行放不下，两行文本都由一行变成了两行。为了体现用百分比和像素设定文本的差别，我们单击“切换横屏 / 竖屏”按钮，查看横屏效果，如图 3.5 所示。

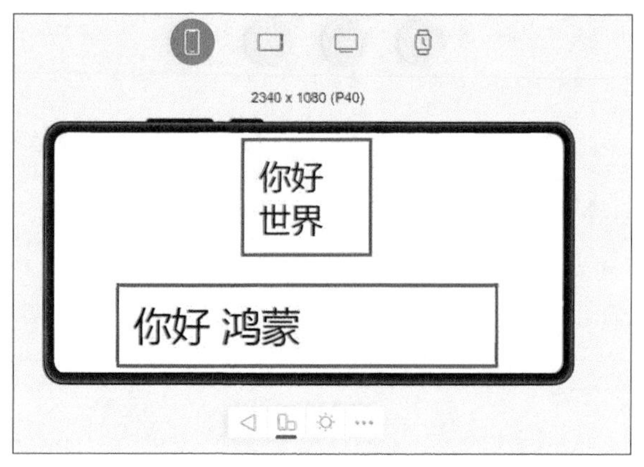

图 3.5　将手机横过来之后的显示效果

在图 3.5 中，我们能看到“你好 世界”由于设定的宽度是固定像素的，所以横屏以后，文本依然是两行；而“你好 鸿蒙”由于设定的宽度是百分比的，所以横屏以后，文本宽度随屏幕宽度变化，文本可以在一行中完全显示。

说明：如果内容区域的宽度和无法容纳内容，那么内容区域将隐藏无法显示的部分，如图 3.6 所示。

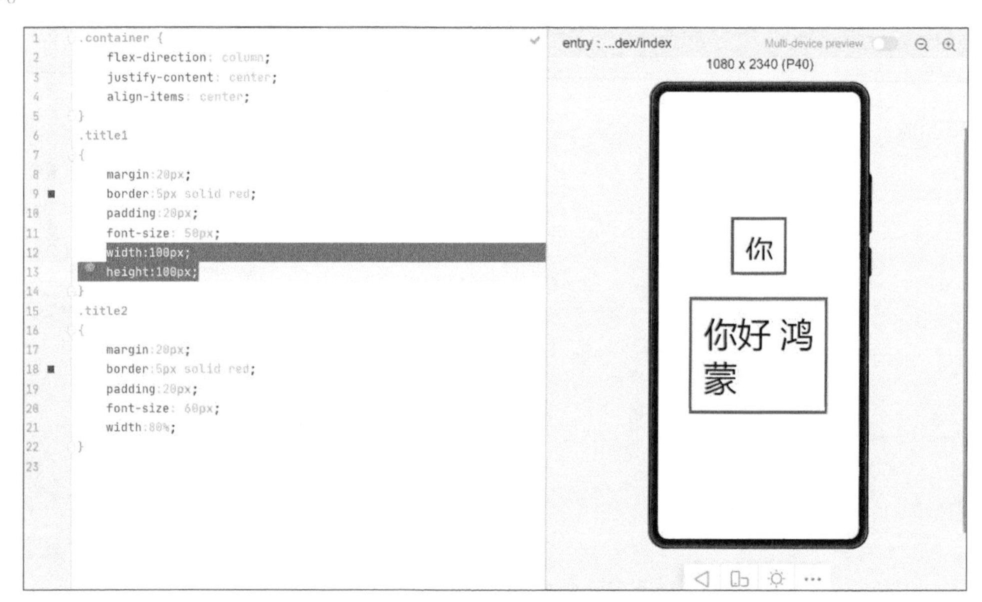

图 3.6　当设定 title1 的高度和宽度都为 100 像素时，文本就显示不下，此时盒子将隐藏无法显示的部分

3.2.3 填充和边沿属性

填充和边沿都是透明的，我们无法改变它们的颜色。但是，我们可以指定它们的宽度。指定宽度常用的单位是像素。

以下代码显示了设定边沿宽度的 4 种不同形式。设定填充宽度的方法和指定边沿宽度的方法相同，只要将属性名称由 margin 改为 padding 即可。

形式 1：设定上、下、左、右边沿的宽度为 25 像素。

```
margin: 25px;
```

形式 2：设定上、下边沿的宽度为 25 像素，左、右边沿的宽度为 50 像素。

```
margin: 25px 50px;
```

形式 3：分别设定上、下、左、右 4 个边沿的宽度。

```
margin-top: 25px;
margin-right: 50px;
margin-bottom: 60px;
margin-left: 10px;
```

形式 4：从上边沿顺时针设定其他 3 个边沿的宽度。

```
margin: 25px 50px 60px 10px;
```

形式 4 是形式 3 的简写，用 4 个数字指定各个边沿的值，从顶部开始并沿顺时针方向排列，因此，形式 4 设置的是上边沿的宽度为 25 像素、右边沿的宽度 5 像素、下边沿的宽度为 60 像素、左边沿的宽度为 10 像素。边沿的宽度除了是正值，还可以是负值。当为负值时，内容区域的元素会产生重叠，如程序 3.10 设定第二行文本所在的盒子的上边沿为 -55 像素，显示效果如图 3.7 所示。

程序3.10

```
.title1
{
    margin:20px;
    border:5px solid red;
    padding:20px;
    font-size: 50px;
}
.title2
{
    margin-top: -55px;
    border:5px solid red;
    padding:20px;
    font-size: 60px;
    width:80%;
}
```

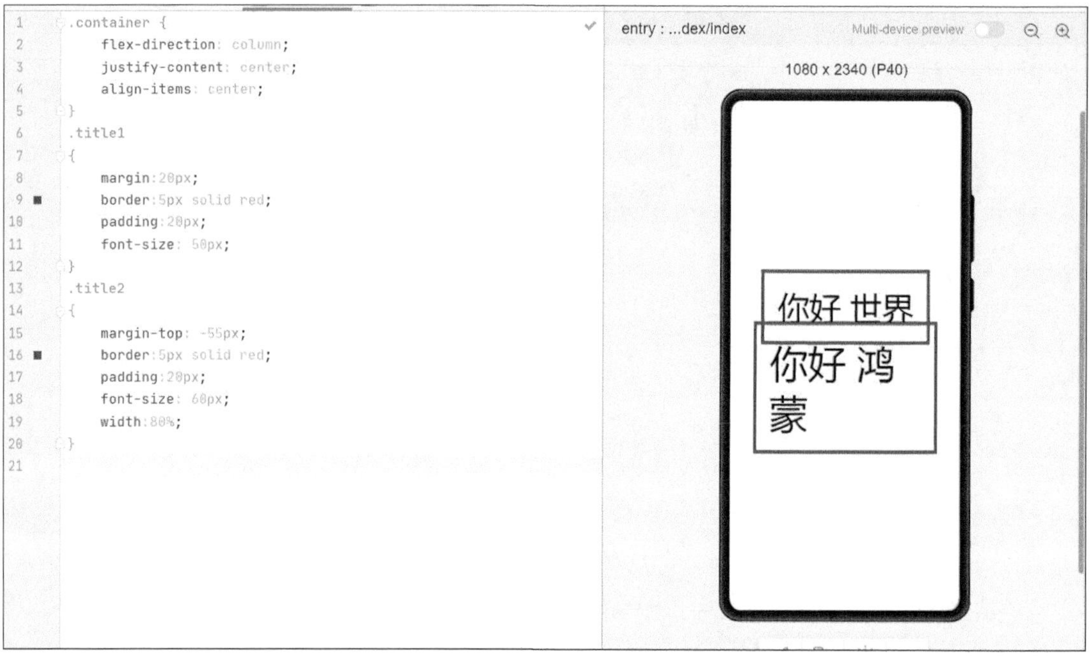
.container {
flex-direction: column;
justify-content: center;
align-items: center;
}
.title1
{
margin:20px;
border:5px solid red;
padding:20px;
font-size: 50px;
}
.title2
{
margin-top: -55px;
border:5px solid red;
padding:20px;
font-size: 60px;
width:80%;
}
entry : ...dex/index
Multi-device preview
1080 x 2340 (P40)
你好 世界
你好 鸿蒙

图 3.7　上边沿为负值时的显示效果

注意：虽然边沿的宽度可以是负值，但填充的宽度不能是负值。

3.2.4 盒体属性

与边沿类似，盒体的属性（border）也可以分开设置，我们可以单独设置盒体的宽度、颜色、边框的样式等。

盒体框的边框粗细对应的属性为 border-width，属性值以像素为单位。指定盒体的边框粗细也有 4 种不同形式。

形式 1：设定盒体上、下、左、右的边框宽度为 25 像素。

```
border-width: 25px;
```

形式 2：设定盒体上、下的边框宽度为 25 像素，左、右的边框宽度为 50 像素。

```
border-width: 25px 50px;
```

形式 3：分别设定盒体上、下、左、右 4 个边框的宽度。

```
border-top-width: 25px;
border-right-width: 50px;
border-bottom-width: 60px;
border-left-width: 10px;
```

形式 4：从盒体的上边框开始顺时针设置 4 个边框的宽度。

```
border-width: 25px 50px 60px 10px;
```

盒体框颜色对应的属性为 border-color，属性的值我们既可以通过指定预定义的颜色名称设定（CSS 中预定义的颜色名称共有 140 个），例如 green（绿色）、red（红色）、yellow（黄色）、transparent（透明）等。

```
border-color: transparent;
```

也可以通过 RGB 表示法，如 rgb(0,255,0) 设定。因为所有颜色均可以由 3 种主要颜色——红色（red）、绿色（green）、蓝色（blue）表示，所以我们可以通过定义不同颜色的数值，设定不同的颜色。rgb(0,255,0) 表示绿色的强度为 255（最大强度），红色和蓝色的强度为 0（最小强度），即设定的颜色为绿色。

除了这两种方法，我们还可以通过十六进制设定。这种方法是使用 6 位数字表示颜色。其中前两个数字表示红色的强度，中间两个数字代表绿色的强度，最后两个数字代表蓝色的强度。

设定盒体边框颜色同样也有 4 种不同的形式。

形式 1：设定盒体上、下、左、右的边框颜色为红色。

```
border-color: rgb(255, 0, 0);
```

形式 2：设定盒体上、下的边框颜色为红色，左、右的边框颜色为绿色。

```
border-color: red green;
```

形式 3：分别设定盒体上、下、左、右 4 个边框的颜色。

```
border-top-color: red;
border-right-color: green;
border-bottom-color: blue;
border-left-color: black;
```

形式 4：从盒体的上边框开始顺时针设定 4 个边框的颜色。

```
border-color: red green blue black;
```

盒体的边框线条类型对应的属性为 border-style，这个属性可接受的值有：dotted（点虚线）、dashed（段虚线）和 solid（实线）。类似的指定盒体的边框线条类型同样也有 4 种不同形式。如果想单独设定某一边的线条类型，可以编写类似如下的代码。

```
border-top-style: solid;
border-left-style: dotted;
```

最后，border-radius 属性可以将盒体的边框设定为圆角，属性的值的单位通常是像素或百分比。设定盒体边框为圆角也有 4 种不同形式，由于这里设置的是 4 个角，所以单独再说一下。

形式 1：设定盒体的 4 个角为圆角，圆角半径都为 5 像素。

```
border-radius: 5px;
```

形式 2：设定盒体的 4 个角为圆角，左上角和右下角的圆角半径为 10 像素，右上角和左下角的圆角半径为 20 像素。

```
border-radius: 10px 20px;
```

形式 3：设定盒体的 4 个角为圆角并分别设定圆角半径。

```
border-top-left-radius: 10px;
border-top-right-radius: 20px;
border-bottom-right-radius: 15px;
border-bottom-left-radius: 25px;
```

形式 4：从盒体的左上角开始顺时针设置 4 个角。

```
border-radius: 25px 5px 0 50px;
```

如果盒子的内容的宽度和高度为 100 像素，填充为 20 像素，边框的宽度为 50 像素（总宽度 = 总高度 = 100 + 20 × 2 + 50 × 2 = 240 像素），那么将边框的圆角半径设置为 120 像素（240 除以 2 ）就会得到一个圆形而不是一个正方形。

此外，3.2.1 节中设置 border 属性的方式也是一种简写形式，这种形式能在一行中设定边框的宽度、样式和颜色，而不用单独设定它们。不过这种形式设定不了边框的圆角半径。

3.3 定位

了解了 CSS 的盒子模型后，我们来看一下如何使用 CSS 来排列页面上的这些盒子。在本节中，我们将介绍一个新的概念：定位。

CSS 定位属性——position 允许我们在页面中指定元素或组件的位置并在重叠的情况下指定哪个元素应位于顶部。

定位属性有 3 个可选值，分别是 relative（相对定位）、fixed（固定定位）和 absolute（绝对定位）。

3.3.1 相对定位

相对定位其实是相对于静态定位来说的，元素或组件根据页面的正常流程定位就属于静态定位。而相对定位是指相对于正常位置定位元素。

假设我们有两个盒子，这两个盒子都没有指定位置，那么如果我们在 .hml 文件中依次创建这两个盒子，则第二个盒子一定在第一个盒子的下方或后面（取决于元素排列方向）。

现在我们将 .css 文件的内容修改为程序 3.11，第二个盒子会相对其正常位置进行移动。程序 3.11 表示盒子将从原始位置的顶部下移 50 像素，从原始位置的左侧右移 150 像素。显示效果如图 3.8 所示。

程序3.11

```
.container {
```

```
    flex-direction: column;
    justify-content: center;
    align-items: center;
}
.title1
{
    margin:20px;
    border:5px solid rgb(0,255,0);
    border-top-width: 30px;
    padding:20px;
    font-size: 50px;
}
.title2
{
    position: relative;
    left: 150px;
    top: 50px;
    border:5px dashed red;
    padding:20px;
    font-size: 60px;
}
```

图 3.8　应用相对定位的显示效果

我们还可以使用右侧和底部属性来定位第二个盒子。例如下面的代码表示，第二个盒子会从原始位置的底部向上移动 50 像素，从原始位置右侧左移 50 像素。

```
bottom: 50px;
right: 50px;
```

另外，这里也可以使用负的像素来定位盒子，例如“left: -50px;”表示从原始位置的右侧左移 50 像素。

注意：使用相对定位时，元素最终可能会与其他元素重叠。

3.3.2 固定定位

固定定位顾名思义就是指元素或组件始终保持在指定位置，即使页面滚动，它也不会移动。固定定位通常用于网页侧面位置固定不变的共享按钮。使用固定定位时，可以使用 top 属性指定盒子从页面顶部开始的像素值，而用 left 属性指定从页面左侧开始的像素值。假设将相对定位示例中的“position: relative;”修改为“position:fixed;”，则显示效果如图 3.9 所示。

图 3.9　应用固定定位的显示效果

除了 top 属性和 left 属性，还有 right 属性和 bottom 属性，它们分别指定盒子距离右侧和底部的像素值。

3.3.3 绝对定位

绝对定位是元素或组件相对于具有静态位置的第一个父元素定位。如果找不到这样的元素，则它相对于根元素定位。假设这里将固定定位示例中的“position:fiexd;”修改为“position:absolute;”。由于第二个 text 是根元素的子元素，所以它将相对于整个页面定位，显示效果与图 3.9 一致。不过，如果我们将 .hml 文件中的内容修改为程序 3.12，将第二个 text 放在一个 div 容器中（即此时第二个 text 是 div 的子元素），那么 text 就会相对于 div 定位，显示效果与图 3.8 一致。

程序3.12

```
<div class="container">
    <text class = "title1">
        你好 世界
    </text>
    <div>
        <text class = "title2">
            你好 鸿蒙
```

```
        </text>
    </div>
</div>
```

在某种程度上，绝对定位类似于相对定位，只是绝对定位是元素相对于其父元素而不是相对于其正常位置定位。

3.4 显示与布局

通过以上的内容，我们很容易完成对页面的布局。不过 CSS 中，还有一种布局方式——flex。这种方式可以简便、完整、响应式地实现各种页面布局。flex 是 Flexible Box 的缩写，意为“弹性盒子”，用来为盒状模型提供最大的灵活性。flex 主要有 5 个属性。

3.4.1 flex-direction

flex-direction 用于设定容器内元素的排列方向，这个在上一章中，我们已经见到过了，其属性值有 3 个可选值，分别是 row（沿水平主轴让元素从左向右排列）、column（让元素沿垂直主轴从上到下垂直排列）、row-reverse（沿水平主轴让元素从右向左排列）。

3.4.2 flex-wrap

flex-wrap 用于设定容器内元素的换行（默认不换行），其属性值有 2 个可选值，一个是 nowrap（元素不换行），比如一个 div 的宽度为 100%，设定此属性，第二个 div 的宽度就自动变成各 50%；另一个是 wrap（元素换行），比如一个 div 的宽度为 100%，设定此属性，第二个 div 就在第二行。

3.4.3 justify-content

justify-content 用于设定元素在主轴上的排列位置，这个我们在上一章中也见到过，其属性值有 3 个可选值，为了便于说明我们修改 index.hml 文件，修改后的内容如程序 3.13 所示。

程序3.13

```
<div class="container">
    <text class = "title1">
        你好
    </text>
    <text class = "title2">
        世界
    </text>
    <text class = "title2">
        鸿蒙
```

```
    </text>
</div>
```

此时，index.hml 中页面包含的 4 个元素，1 个 div（根元素）和 3 个 text，其中 div 的类为 container，第一个 text 的类为 title1，第二、三个 text 的类为 title2。index.hml 文件的结构如图 3.10 所示。

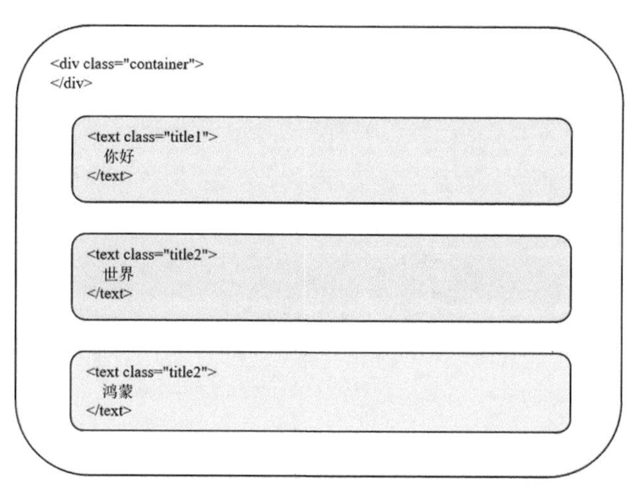

图 3.10　index.hml 文件的结构

同时我们将 .css 文件的内容修改成程序 3.14，此时表示容器内元素的排列方式为横向从左到右，且元素在主轴上居中排列。将效果显示设备更改为平板电脑我们可以得到图 3.11 所示的页面。

程序3.14

```
.container {
    flex-direction: row;
    justify-content: center;
}
.title1
{
    border:5px solid blue;
    padding:20px;
    font-size: 50px;
}
.title2
{
    border:5px dashed red;
    padding:20px;
    font-size: 60px;
}
```

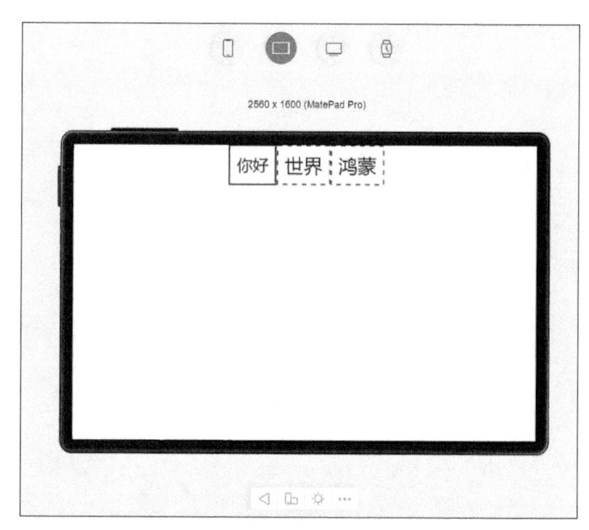

图 3.11　元素水平居中的显示效果

这里为了可以直观看到元素的边界，我们绘制了边框，接下来我们看一下其他的属性值。

flex-start 表示元素在主轴上靠左并由左向右排列（如果之前元素的排列方向为纵向，则是靠上并由上向下排列）。将 .css 文件中的“justify-content: center;”改为“justify-content: flex-start;”，显示效果如图 3.12 所示。

图 3.12　元素左对齐的显示效果

flex-end 表示元素在主轴上靠右并由右向左排列（如果之前元素排列的排列方向为纵向，则是靠下并由下向上排列）。将 .css 文件中的“justify-content: flex-start;”改为“justify-content: flex-end;”，显示的效果如图 3.13 所示。

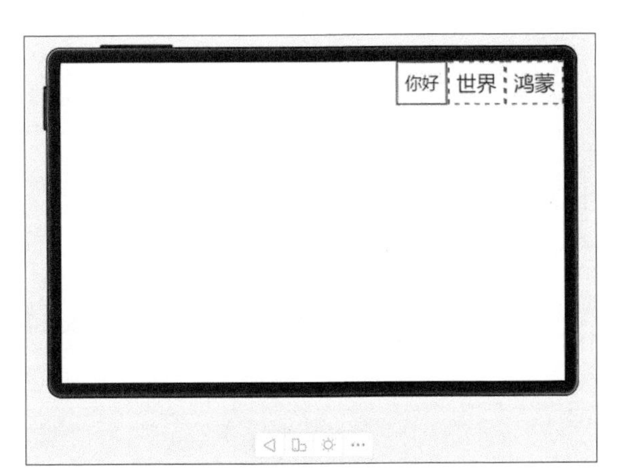

图 3.13　元素右对齐的显示效果

3.4.4 align-items

align-items 用于设定元素在主轴垂直方向上的对齐方式，这个在上一章中，我们同样见到过。与属性 justify-content 类似，这个属性的值也有 3 个可选值：flex-start、flex-end、center。

为了便于展示，我们修改 .title1 的高为 300 像素，.title2 的高为 500 像素，对应的 .css 文件的内容如程序 3.15 所示。

程序3.15

```
.title1
{
    border:5px solid blue;
    padding:20px;
    font-size: 50px;
    height: 300px;
}
.title2
{
    border:5px dashed red;
    padding:20px;
    font-size: 60px;
    height: 500px;
}
```

然后设定 align-items 的值为 flex-start（上对齐，如果之前元素排列方向为纵向则是左对齐），对应的 .container 的内容如程序 3.16 所示，则显示效果如图 3.14 所示。

程序3.16

```
.container {
    flex-direction: row;
    justify-content: center;
    align-items:flex-start;
}
```

图 3.14　元素上对齐的显示效果

flex-end 是下对齐（如果之前元素的排列方向为纵向则是右对齐），center 是居中对齐。这里我们只展示居中对齐的效果，修改 .container 的内容为程序 3.17，则显示效果如图 3.15 所示。

程序3.17

```
.container {
    flex-direction: row;
    justify-content: center;
    align-items:center;
}
```

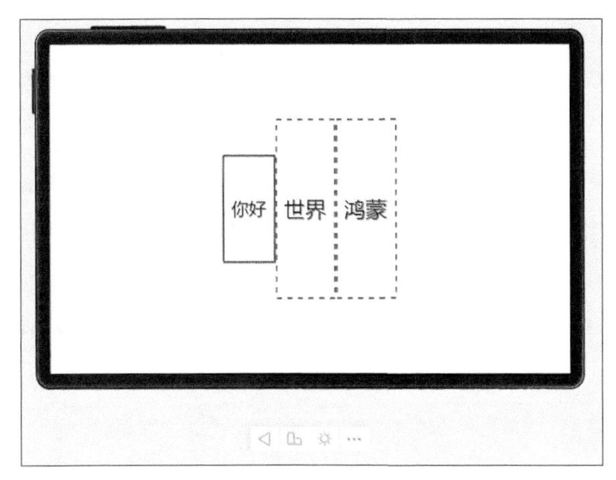

图 3.15　元素居中对齐的显示效果

3.4.5　align-content

align-content 用于设定元素不在主轴上时的对齐方式，其属性值的可选值也是 flex-start、flex-end、center。

3.4.6 隐藏

如果我们希望隐藏元素或组件，可以使用“display:none”或“visibility:hidden”。两者都能让元素或组件不可见，不过两者也是有区别的，visibility: hidden 是隐藏元素但仍占用空间；而 display: none 是将元素或组件从页面中删除。

3.5　背景

至此，对于页面的布局，我们已经了解了，接下来我们将学习如何更改元素的背景属性。这些属性包括背景颜色和背景图像。

3.5.1 背景颜色

首先，我们来看看如何更改背景颜色。声明元素的背景颜色可以使用 background-color。与设定盒子模型中的盒体边框的颜色所使用的方法类似，我们可以使用 3 种形式来声明元素的背景颜色——颜色名称、RGB 表示法、十六进制表示法，如下面的代码所示。

```
background-color: orange;
background-color: rgb(0, 255, 0);
background-color: #00FF00;
```

3.5.2 背景图像

如果你觉得只使用颜色作为背景太单调，那么可以选择使用图像作为背景。CSS 使图片能够

非常灵活的显示在页面上。

要使用图像作为背景，需要使用 background-image 指定图片的 URL。这个我们在上一章中已经接触过了。

将图像作为元素背景会出现 3 种情况。第一种情况是图像的尺寸和元素的一样大，此时显示图像是没有问题的；第二种情况是图像的尺寸比元素的小，此时在默认情况下，背景图像是放在元素的左上角，然后在垂直方向和水平方向不断重复。如果你不想重复背景图像，可以使用 background-repeat 进行更改。以下是 background-repeat 的一些常用值。

◆ repeat：默认值，图像将在水平方向和垂直方向重复。

◆ repeat-x：图像将只在水平方向重复。

◆ repeat-y：图片将只在垂直方向重复。

◆ no-repeat：图片将不重复。

如果我们不希望图像重复但希望它能覆盖整个元素，可以使用 background-size 进行更改，以下是 background-size 的一些常用值。

◆ cover：把背景图像扩展至足够大，使其可以完全覆盖背景区域。在这种情况下，背景图像的某些部分也许无法显示在背景定位区域中。

◆ contain：把背景图像扩展至最大尺寸，使其宽度和高度可以完全适应内容区域。这种情况下的背景图像可能会变形。

除了这两个可选值，我们还可以直接通过像素或百分比直接设定图像的大小，此时用第一个属性值设定宽度，用第二个属性值设定高度。如果只设定一个属性值，则第二个属性值会被设置为“auto”。

第三种情况是图像的尺寸比元素的大，此时只能显示部分图像。假设有一个宽度和高度均为 100 像素的元素，使用的背景图像的尺寸为 200 像素 ×300 像素，此时默认情况是仅显示图像的左上角部分，如果想要显示背景图像的其他区域，就需要更改 background-position 的属性值。设定 background-position 属性值最常用方法是使用像素。语法如下所示。

```
background-position: xpos ypos;
```

这里的 xpos 和 ypos 是图像左上角相对于元素左上角的坐标，如果要显示其他区域，就需要将图像向左、向上移动，因此 xpos、ypos 是负值。

```
background-position: -100px -200px;
```

在如上所示的代码中，第一个数字（-100px）表示图像水平移动，如果此数为正值，则图像向右移动；如果为负值，则向左移动。第二个数字（-200px）表示图像垂直移动，如果此数为正值，则图像向下移动；如果为负值，则向上移动。

3.6　文本和字体

CSS 中的文本属性和字体属性用于格式化网页上文本的显示。本章的最后我们介绍常用的 text 和 font。

3.6.1 字体属性

设置字体类型需要使用 font-family。字体类型有 3 种主要种类：serif、san serif 和 monospace。

◆ serif 字体在某些字符的末尾有小段横线。字体示例包括 Times New Roman、Georgia。

◆ san serif 字体在字符末尾没有小段横线。字体示例包括 Arial、Verdana。

◆ monospace 字体对所有字符使用相同的宽度，例如，字母“i”的宽度与字母“a”的宽度相同。字体示例包括 Courier New、Lucida Console。

设定 font-family 时，应始终包含多种字体的名称，以便在浏览器不支持第一种字体时，可以尝试使用下一种字体，直到找到它支持的字体。从更有针对性的字体开始并以通用字体结尾。如果字体名称不止一个单词，则要使用引号，如下所示。

```
font-family: "Times New Roman", Times, serif;
```

设定文本的大小需要使用 font-size。其属性值可以是像素、em、百分比。在之前的示例中我们使用的都是像素。而 em 等于当前字体大小，如果元素是另一个元素的子元素，则当前字体大小是父元素的字体大小；如果元素不是任何元素的子元素，则当前字体大小是浏览器的默认字体大小；如果你希望字体大小是当前字体大小的 1.5 倍，则只需编写 1.5em 即可。至于百分比则与 em 相似，200%意味着字体大小是当前字体大小的 2 倍，即 200% = 2em。

另外可以使用 font-style 设定文本是正体或斜体。两个属性值是 normal（正常）和 italic（斜体），使用规则如下所示。

```
font-style: normal;
font-style: italic;
```

font-weight 对应 font-style，区别是 font-style 用于指定文本的正体、斜体，而 font-weight 用于指定文本粗细，常用值包括 normal（正常）、bold（粗）、bolder（较粗）和 lighter（较细）。

3.6.2 文本属性

CSS 文本属性允许设置与文本字体无关的属性，常见属性包括文本颜色、文本对齐方式、文本修饰、字符间距、字间距和行高。color 是我们在前面见过的，它用于指定文本的颜色。与 border-color 的内容类似，这里依然可以使用 3 种方式——颜色名称、RGB 值或十六进制值设定文本颜色。text-alignment 允许设定文本是居中、左对齐、右对齐或是平均分布的，常用的属性

值有 left、right、center 和 justify。text-decoration 主要用于设定文本是否要用线条装饰，常用的属性值是 none（即普通文本，没有装饰）、underline（下划线）、overline（上划线，显示在文本的上方）和直通线（穿过文本的一条直线）。letter-spacing 用于增加或减少单词中字母之间的间距，可以以像素为单位设定间距，要增加间距，就使用正值；要减少间距，就使用负值，如下所示的代码会使字母之间的间距为 2 像素。

```
letter-spacing: 2px;
```

修改代码中的 2 为 -1，则会使字母挤在一起，相互重叠 1 像素。word-spacing 用于增加或减少文本中单词与单词之间的间距，与增加或减少字母间距的使用方法类似，可以以像素为单位设定间距，正值能增加间距，负值能减少间距。line-height 用于设定每行文本之间的间距（行高），可以使用数字、特定长度或百分比来设定，当使用数字时，给定的数字将与当前字体大小相乘得出行高。例如，当前的字体大小为 16 像素，使用以下代码，得出的行高为 32 像素。

```
line-height: 2;
```

当使用长度时，可以使用诸如像素、em、cm 等单位。当使用百分比时，给定的百分比将与当前字体大小相乘得出行高。例如，如果当前的字体大小为 16 像素，使用以下代码，得出的行号为 8 像素。

```
line-height: 50%;
```

第 4 章　页面跳转

通过第三章的内容，我们对页面布局所用到的 CSS 元素有了大概的了解。在开发应用时，一个页面的基本元素包含标题区域、文本区域、图片区域等，每个基本元素内还可以包含多个子元素，开发者根据需求还可以添加按钮、开关、进度条等组件。因此在设计页面时，先将页面中的元素分解再按顺序实现每个基本元素，能够有效地减少多层嵌套造成的视觉混乱和逻辑混乱，提高代码的可读性，并且方便对页面进行后续的调整。

关于页面的设计，我们稍后再说，本章先让我们回到第二章的最后，在第二章空项目的基础上实现两个页面的跳转。

4.1　创建新页面

4.1.1 添加页面

要实现两个页面的跳转，首先需要再创建一个页面。在 DevEco Studio 中，创建页面非常简单，只要在 pages.index 上单击鼠标右键，在弹出的菜单中选择“New”，然后在弹出的子菜单中单击“JS Page”即可，如图 4.1 所示。

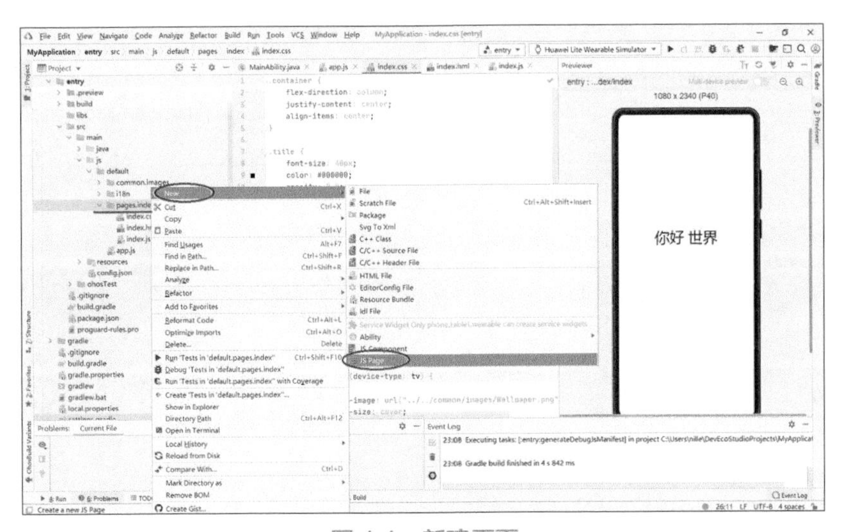

图 4.1　新建页面

然后会弹出一个如图 4.2 所示的对话框。

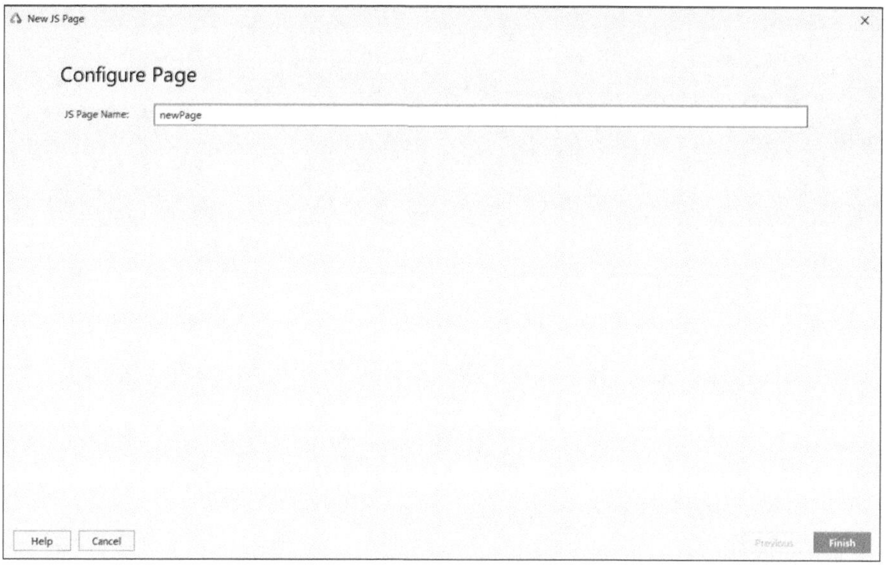

New JS Page

Configure Page

JS Page Name: newPage

Help Cancel Previous Finish

图 4.2　新建页面的对话框

这个对话框会要求我们输入一个页面的名字，这里我给新页面取名“newPage”。接着单击对话框右下角的“Finish”，这样 DevEco Studio 就开始帮我们创建页面了。

等待一段非常短的时间，新的页面就创建完了，此时再来看应用的工程目录，如图 4.3 所示。

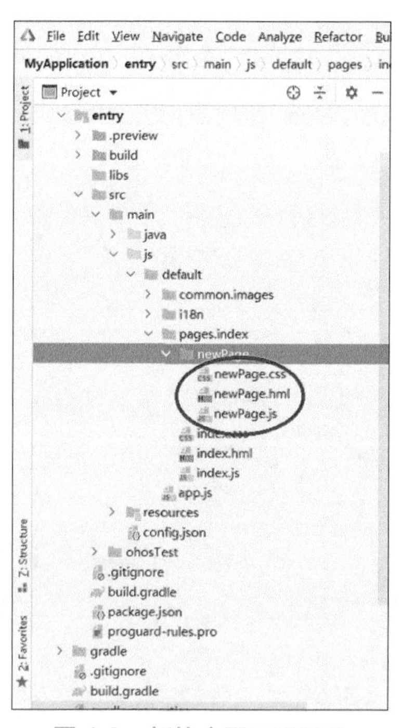

图 4.3　新的应用工程目录

在新的目录中，pages.index 下出现了 newPage。newPage 下就是新页面所对应的文件。如果我们点开 newPage，就会看到对应新页面的 3 个文件：newPage.hml、newPage.js 和 newPage.css。

4.1.2 新页面的.hml文件

如果在预览窗口中查看新建的页面，会发现这和之前的 index 页面一样，也不是一个什么都没有的页面。这个页面中会显示字符串“Hello World”。下面来看一下新页面的 .hml 文件，其内容如程序 4.1 所示。

程序4.1

```
<div class="container">
    <text class="title">
        Hello {{ title }}
    </text>
</div>
```

与 index.hml 文件一样，这里也包含了一个 div 容器和一个 text。div 的类为 container，text 的类为 title。text 中的内容为“Hello {{ title }}”，前面的 Hello 是正常的字符串，后面两对大括号以及其中的字符实际上表示一个变量。为了搞清楚这个变量的值，我们打开 newPage.js 文件，其内容如程序 4.2 所示。

程序4.2

```
export default {
    data: {
        title: 'World'
    }
}
```

这里能看到在 .js 文件中定义了一个 JSON 格式的 data（数据），而 data 中与 {{ title }} 中 title 相对应关键字的值为 'World'，因此这里的 newPage.hml 文件中的 text 对应的文字就是“Hello World”。{{ title }} 的值是在程序的运行过程中动态确定的，这种技术称为动态数据绑定。

理解了数据的对应关系之后，我们再来看看 index.hml 中的 {{ $t('strings.hello') }} {{ title }}。现在我们理解了这句代码相当于是两个变量——{{ $t('strings.hello') }} 和 {{ title }}。同样地，这里我们先打开 index.js 文件，其内容如程序 4.3 所示。

程序4.3

```
export default {
    data: {
        title: ""
```

```
    },
    onInit() {
        this.title = this.$t('strings.world');
    }
}
```

这里能看到在 index.js 文件中同样也定义了一个 JSON 格式的 data，而 data 中与 {{ title }} 中 title 相对应关键字的值为空，但之后在一个初始化函数 onInit() 中定义了 title 的值为 $t('strings.world')，因此 index.hml 文件中 text 对应的文字应该是"{{ $t('strings.hello') }} {{ $t('strings.world') } }"。

这两部分非常像，开头都一样，是 $t。$t 表示的是由 i18n 提供的全局方法或变量。前面我们介绍过目录中的 i18n 用于配置不同语言场景资源内容。现在我们打开 i18n 目录，如图 4.4 所示。

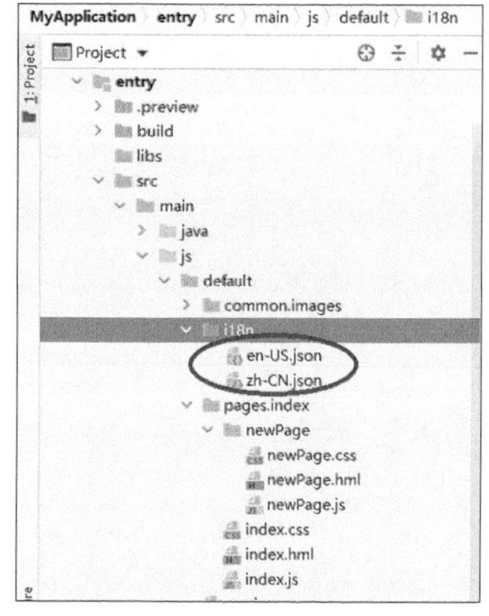

图 4.4　打开目录中的 i18n

i18n 中目前有两个文件，一个是 en-US.json，另一个是 zh-CN.json。这两个文件分别表示英文语言场景和中文语言场景（对应"更多设置"中设置设备的语言）。我们先打开 zh-CN.json 文件，其内容如程序 4.4 所示。

程序4.4

```
{
  "strings": {
    "hello": " 你好 ",
    "world": " 世界 "
  }
}
```

这里同样是一个JSON格式的数据，strings.hello对应的是"你好"，strings.world对应的是"世界”，因此 index.hml 文件中 text 对应的文字是“你好 世界”。

注意这里是中文语言场景下所显示的内容，当切换设备语言为英文的时候，调用的就是 en-US.json 文件。我们再打开 en-US.json 文件，其内容如程序 4.5 所示。

程序4.5

```
{
  "strings": {
    "hello": "Hello",
    "world": "World"
  }
}
```

这里 strings.hello 对应的是“Hello”，strings.world 对应的是“World”，因此在英文语言场景下 index.hml 文件中 text 对应的文字就是“Hello World”。通过这种形式就能实现在切换设备语言时切换显示的内容。

4.1.3 新页面的.css文件

我们回到新建的页面，下面打开 newPage.css 文件，其内容如程序 4.6 所示。

程序4.6

```
.container {
    display: flex;
    justify-content: center;
    align-items: center;
    left: 0px;
    top: 0px;
    width: 454px;
    height: 454px;
}
.title {
    font-size: 30px;
    text-align: center;
    width: 200px;
    height: 100px;
}
```

这个文件很简单，只有两个类的规则定义。这里不对 newPage.css 进行修改，我们只是结合之前的内容大概分析一下。

这个新页面中，div 容器只是一个 454 像素 ×454 像素的正方形区域，其内部的元素或组件居中排列，文字大小为 200 像素 ×100 像素，整个 div 是沿着屏幕左上角放置的（left: 0px;

top：0px；）。在手机界面中，显示效果看起来还比较正常，如果将显示设备切换为平板电脑、电视机或是查看手机的横屏显示效果，就能明显看到屏幕中的文字是靠左的。

4.2 添加按钮

创建完两个页面后，进行第二步——添加按钮。

4.2.1 在.hml文件中添加按钮

之前的章节中我们只使用了 div 容器和 text。按钮的标记为 <button>，添加按钮的代码如程序 4.7 所示。

程序4.7

```
<button type="capsule" class="title">
    NEXT
</button>
```

这里按钮的类型为 capsule，对应类的属性为 title，按钮上显示的文字为 NEXT。将这段代码分别添加到 index.hml 文件和 newPage.hml 文件中，则两个文件的内容如下所示。

```
<!-- index.hml -->
<div class="container">
    <text class="title">
        {{ $t('strings.hello') }} {{ title }}
    </text>
    <button type="capsule" class="title">
        NEXT
    </button>
</div>
<!-- newPage.hml -->
<div class="container">
    <text class="title">
        Hello {{ title }}
    </text>
    <button type="capsule" class = "title">
        BACK
    </button>
</div>
```

为了区分两个文件，在文件开始的位置分别增加了一行注释，注释的内容为对应的文件名。另外在 newPage.hml 文件中，将按钮上显示的文字改成了 BACK。

由于两个按钮对应的 .title 是不同的，所以虽然增加的代码一样，但两个按钮显示的效果是不同的。在 index 页面中，按钮的显示效果如图 4.5 所示；在 newPage 页面中，按钮的显示效果如图 4.6 所示。

图 4.5　在 index 页面中，按钮的显示效果

图 4.6　在 newPage 页面中，按钮的显示效果

在 newPage 页面中能看到由于其 .title 设定的文字大小为 200 像素 ×100 像素，且 div 中的元素默认为横向排列，所以按钮在文本右侧且按钮比较大。

4.2.2 调整按钮位置及样式

如果我们希望将 newPage 页面中的按钮放在文本下方，那么可以将 div 中的元素排列改为纵向排列。如果希望在手机竖屏显示时 newPage 页面中的按钮在文本下方，而手机横屏显示时 newPage 页面中的按钮在文本右侧，那就需要单独进行定义了，如程序 4.8 所示。

程序4.8

```
/*newPage.css*/
.container {
    display: flex;
    justify-content: center;
    align-items: center;
    left: 0px;
    top: 0px;
    width: 454px;
    height: 454px;
}
.title {
    font-size: 30px;
    text-align: center;
```

```
    width: 200px;
    height: 100px;
}
@media screen and (device-type: phone) and (orientation: portrait) {
    .container {
        flex-direction: column;
    }
}
@media screen and (device-type: phone) and (orientation: landscape) {
    .container {
        flex-direction: row;
    }
}
```

4.3 页面路由

对于按钮，我们不再进行过多的调整了。下面进行第三步——实现页面跳转，这也称为页面路由。页面路由（router）会根据页面的 URI 找到目标页面，从而实现跳转。实现两个页面间的跳转的具体步骤如下。

- ◆ 创建两个页面。
- ◆ 查看配置文件 config.json 确认页面的 URI。
- ◆ 调用 router.push() 实现跳转。

4.3.1 配置文件config.json

目前第一步已经完成了，接下来查看配置文件 config.json。配置文件 config.json 中包含了页面的路由信息。打开 config.json 文件，在文件最后的“js”关键字的值中有一个“pages”，如程序 4.9 所示。

程序4.9

```
......
"js": [
  {
    "pages": [
      "pages/index/index",
      "pages/index/newPage/newPage"
    ],
    "name": "default",
    "window": {
```

```
        "designWidth": 720,
        "autoDesignWidth": true
      }
    }
  ]
......
```

“pages”中包含的就是两个页面的 URI，处于第一位的页面为首页。“name”的值对应目录中 js 下的 default。

4.3.2 修改.hml文件

确认页面的 URI 后，想要实现页面跳转还需要修改一下 .hml 文件，我们要为 .hml 文件中的按钮元素添加一个被点击时响应的方法，以 index.hml 文件中的按钮为例，修改后代码如程序 4.10 所示。

程序4.10

```
<button type="capsule" class="title" onclick="launch">
    NEXT
</button>
```

这表示当页面中的按钮被点击时要调用 launch() 方法。同样的，我们为 newPage.hml 文件中的按钮添加响应方法。

4.3.3 修改.js文件

为了使按钮的 launch() 方法生效，需要在页面的 .js 文件中实现跳转逻辑。这需要调用 router.push() 接口将 URI 指定的页面添加到路由栈中，即跳转到 URI 指定的页面。在调用 router() 方法前，需要先导入 router 模块。修改 index.js 文件，如程序 4.11 所示。

程序4.11

```
//index.js
import router from '@system.router';
export default {
    data: {
        title: ""
    },
    onInit() {
        this.title = this.$t('strings.world');
    },
    launch: function() {
        router.push ({
```

```
            uri: 'pages/index/newPage/newPage',
        });
    }
}
```

对应地修改 newPage.js 文件，如程序 4.12 所示。

程序4.12

```
//newPage.js
import router from '@system.router';
export default {
    data: {
        title: 'World'
    },
    launch: function() {
        router.push ({
            uri: 'pages/index/index',
        });
    }
}
```

此时在预览窗口中单击按钮就能够实现页面的跳转了。另外在 newPage 页面中，如果只是进行回退操作，还可以调用 router.back() 接口直接回到上一个页面中，如程序 4.13 所示。

程序4.13

```
//newPage.js
import router from '@system.router';
export default {
    data: {
        title: 'World'
    },
    launch: function() {
        router.back() ;
    }
}
```

4.3.4 在控制台输出信息

实现了页面跳转后，下面来添加一些代码实现在 DevEco Studio 环境中输出信息的功能。这个功能在调试项目时非常有用。

想要在用户单击 index 页面中的按钮时输出信息，就需要打开 index.js 文件，然后在调用 router.push() 接口的代码前，加入以下代码。

```
console.log('button onClick');
```

加入代码后，先打开 DevEco Studio 页面左下角的选项卡 PreviewerLog，如图 4.7 所示。

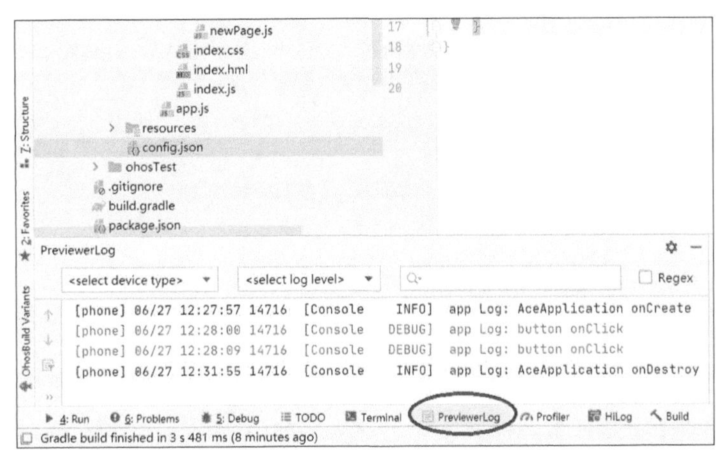

图 4.7　打开 DevEco Studio 页面左下角的选项卡 PreviewerLog

然后打开预览窗口，当出现 index 页面后单击页面中的按钮，此时就会看到如下信息。

```
[phone] 06/27 12:27:57 14716  [Console    INFO]  app Log: AceApplication onCreate
[phone] 06/27 12:28:00 14716  [Console   DEBUG]  app Log: button onClick
```

这里能看到，当单击按钮时，在选项卡 PreviewerLog 中出现了对应的信息“button onClick”，同时信息的前面显示了对应的设备是手机(phone)。另外这里还有信息“AceApplication onCreate”，这个信息是谁发的呢?

我们打开应用项目的 app.js 文件，这是项目运行时首先会启动的文件，其中的内容如程序 4.14 所示。

程序4.14

```
export default {
    onCreate() {
        console.info('AceApplication onCreate');
    },
    onDestroy() {
        console.info('AceApplication onDestroy');
    }
};
```

这里能看到文件中有两个函数。一个函数是当项目启动时通过代码“console.info(‘AceApplication onCreate’);”输出信息“AceApplication onCreate”，这就是我们在选项卡 PreviewerLog 中看到的信息。注意这里用的函数为 info()，而我们之前用的函数为 log()。另一个函数是当项目关闭时通过代码“console.info('AceApplication onDestroy');”输出信息

“AceApplication onDestroy”。

对于鸿蒙系统的应用以及应用中的页面来说，在其整个生命周期中，会在不同阶段自动触发相应的生命周期事件。应用的生命周期事件有 2 个：启动应用时自动触发的 onCreate 事件（对应 onCreate 函数）和关闭应用时自动触发的 onDestroy 事件（对应 onDestroy 函数）。

而页面的生命周期事件有如下 4 个。

◆ onInit：表示页面的数据已经准备好。

◆ onReady：表示页面已经完成编译，可以将页面显示给用户。

◆ onShow：表示页面正在显示。

◆ onDestroy：表示页面正在销毁。

了解应用和页面的生命周期事件能够让我们更好地规划程序文件的每一步操作。现在让我们回到应用的生命周期，在预览窗口尝试执行如下操作。

（1）将预览设备切换为平板电脑。

（2）点击平板电脑页面中的按钮。

（3）将预览设备切换为电视机。

（4）点击电视机页面中的按钮。

（5）关闭预览窗口。

此时对应的选项卡 PreviewerLog 中输出的信息如下所示。

```
[phone] 06/27 12:50:57 6860   [Console    INFO]  app Log: AceApplication onDestroy
[tablet] 06/27 12:50:57 1528   [Console    INFO]  app Log: AceApplication onCreate
[tablet] 06/27 12:51:20 1528   [Console   DEBUG]  app Log: button onClick
[tablet] 06/27 12:51:24 1528   [Console    INFO]  app Log: AceApplication onDestroy
[tv] 06/27 12:51:25 11628  [Console    INFO]  app Log: AceApplication onCreate
[tv] 06/27 12:51:34 11628  [Console   DEBUG]  app Log: button onClick
[tv] 06/27 12:51:41 11628  [Console    INFO]  app Log: AceApplication onDestroy
```

通过输出信息能看出每次切换设备都是先关闭之前的设备，然后再启动新的设备，对应上述的第一步操作输出的信息如下所示。

```
[phone] 06/27 12:50:57 6860   [Console    INFO]  app Log: AceApplication onDestroy
[tablet] 06/27 12:50:57 1528   [Console    INFO]  app Log: AceApplication onCreate
```

即先关闭手机上的应用及手机，然后启动电视机并启动应用。

最后当我们关闭预览窗口时会关闭应用。

4.4 配置文件详解

前面介绍过 config.json 是 JSON 格式的 HAP 清单文件，一个应用中所有的元素和组件都需要在清单文件中注册。了解 config.json 的详细信息对于之后的开发是有好处的。

应用的配置文件 config.json 由“app”“deviceConfig”“module”组成，下面分别介绍。

4.4.1 “app”部分

“app”部分的内容如表 4.1 所示。

表 4.1 “app”部分的内容

关键字	包含关键字	含义
bundleName		应用的包名，用于标识应用的唯一性
vendor		应用的开发厂商
version		应用的版本信息
	code	表示应用的版本号，仅用于鸿蒙系统管理该应用，对用户不可见。取值为大于零的整数
	name	表示应用的版本号，用于向用户呈现。取值可以自定义
apiVersion		表示应用依赖的 API 版本
	compatible	表示应用运行需要的 API 最小版本。取值为大于零的整数
	target	表示应用运行需要的 API 目标版本。取值为大于零的整数

本章所用示例中“app”的信息如下所示。

```
"app": {
    "bundleName": "com.example.myapplication", //
    "vendor": "example", // 开发厂商
    "version": {
      "code": 1000000,    // 用数字表示的版本号，对用户不可见
      "name": "1.0.0"     // 用字符串表示的版本号，用于向用户呈现
    },
    "apiVersion": {
      "compatible": 3,    // 应用运行需要的 API 最小版本
      "target": 3         // 应用运行需要的 API 目标版本
    }
  }
```

4.4.2 “deviceConfig”部分

“deviceConfig”包含了具体设备上的应用配置信息，可以包含如下所示的信息。

- default：适用于所有设备通用的配置信息，不可缺省。
- car：表示汽车特有的应用配置信息，可缺省。
- tv：表示电视机特有的应用配置信息，可缺省。
- wearable：表示智能穿戴设备特有的应用配置信息，可缺省。
- liteWearable：表示轻量级智能穿戴设备特有的应用配置信息，可缺省。
- smartVision：表示智能摄像头特有的应用配置信息，可缺省。

“deviceConfig”中每一项（default/car/tv/wearable/liteWearable/smartVision）的内容如表 4.2 所示。

表 4.2　“deviceConfig”部分的内容

关键字	包含关键字	含义
process		表示应用或者 Ability 的进程名。如果在“deviceConfig”标签下配置了“process”标签，则该应用的所有 Ability 都运行在这个进程中。如果在“abilities”标签下也为某个 Ability 配置了“process”标签，则该 Ability 就运行在这个进程中。可缺省，缺省为应用的软件包名
directLaunch		表示应用是否支持在设备未解锁状态直接启动。如果配为“true”，则表示应用支持在设备未解锁状态下启动。可缺省，缺省为“false”
supportBackup		表示应用是否支持备份和恢复。如果配置为“false”，则不支持为该应用执行备份或恢复操作。可缺省，缺省为“false”
compressNativeLibs		表示 libs 库是否以压缩存储的方式打包到 HAP。如果配置为“false”，则 libs 库以不压缩的方式存储，HAP 在安装时无需解压 libs，运行时会直接从 HAP 内加载 libs 库。可缺省，缺省为“true”
network		表示网络安全性配置。该标签允许应用通过配置文件的安全声明来自定义其网络安全，无须修改应用代码。可缺省，缺省为空
	usesCleartext	表示是否允许应用使用明文网络流量。默认值为“false”。可缺省
	securityConfig	表示应用的网络安全配置信息。可缺省
	securityConfig/domainSettings	表示自定义的网域范围的安全配置，支持多层嵌套，即一个 domainSettings 对象中允许嵌套更小网域范围的 domainSettings 对象。可缺省
	securityConfig/cleartextPermitted	表示自定义的网域范围内是否允许明文流量传输。当 useCleartext 和 securityConfig 同时存在时，自定义网域是否允许明文流量传输以 cleartextPermitted 的取值为准
	securityConfig/domains	表示域名配置信息，包含两个参数：subDomains 和 name。subDomains（布尔类型）表示是否包含子域名，如果为“true”，此网域规则将与相应网域及所有子网域（包括子网域的子网域）匹配；否则，该规则仅适用于精确匹配项。name（字符串）表示域名名称

“deviceConfig”的示例如程序 4.15 所示。

程序4.15

```
"deviceConfig": {
    "default": {
        "process": "com.huawei.helloworld.example", // 进程名称
        "directLaunch": false, // 不支持在设备未解锁的情况下启动应用
```

```
        "supportBackup": false, // 不支持备份
        "network": {
            "usesCleartext": true,  // 允许使用明文
            "securityConfig": {
                "domainSettings": {
                    "cleartextPermitted": true,  // 允许使用明文
                    "domains": [
                        {
                            "subDomains": true,  // 包含子域名
                            "name": "example.harmonyos.com" // 子域名名称
                        }
                    ]
                }
            }
        }
    }
}
```

4.4.3 “module”部分

“module”部分包含了 HAP 的配置信息，其中的内容比较多，具体如表 4.3 所示。

表 4.3　“module”部分的内容

关键字	包含关键字	含义
package		表示 HAP 的结构名称，在应用内应保证唯一性，不可缺省
name		表示 HAP 的类名，不可缺省
description		表示 HAP 的描述信息，可缺省，缺省值为空
supportedModes		表示应用支持的运行模式。当前只定义了驾驶模式（drive）。可缺省，缺省值为空
deviceType		表示允许 Ability 运行的设备类型，不可缺省
distro		表示 HAP 发布的具体描述，不可缺省
	deliveryWithInstall	表示当前 HAP 是否支持随应用安装。不可缺省
	moduleName	表示当前 HAP 的名称。不可缺省
	moduleType	表示当前 HAP 的类型，包括两种类型：entry 和 feature。不可缺省
abilities		表示当前模块内的所有 Ability。采用对象数组格式，其中每个元素表示一个 Ability 对象。可缺省，缺省值为空
	name	表示 Ability 名称。不可缺省
	description	表示 Ability 的描述。可缺省，缺省值为空
	icon	表示 Ability 图标资源文件的索引。可缺省，缺省值为空
	label	表示 Ability 对用户显示的名称。可缺省，缺省值为空

续表

关键字	包含关键字		含义
abilities	uri		表示 Ability 的统一资源标识符。格式为 [scheme:] [//authority] [path] [?query] [#fragment]。可缺省，对于 data 类型的 Ability 不可缺省
	launchType		表示 Ability 的启动模式，支持“standard”和“singleton”两种模式。“standard”表示该 Ability 可以有多实例。该模式适用于大多数应用场景。“singleton”表示该 Ability 只可以有一个实例，例如，具有全局唯一性的呼叫来电界面即采用“singleton”模式。可缺省，缺省值为“standard”
	visible		表示 Ability 是否可以被其他应用调用。“true”表示可以被其他应用调用，“false”表示不能被其他应用调用。可缺省，缺省值为“false”
	permissions		表示其他应用的 Ability 调用此 Ability 时需要申请的权限。通常采用反向域名格式，取值可以是系统预定义的权限，也可以是开发者自定义的权限。可缺省，缺省值为空
	skills		表示 Ability 能够接收的 Intent 的特征。可缺省，缺省值为空
		actions	表示能够接收的 Intent 的 action 值，可以包含一个或多个 action。取值通常为系统预定义的 action 值。可缺省，缺省值为空
		entities	表示能够接收的 Intent 的 Ability 的类别（如视频、桌面应用等），可以包含一个或多个 entity。取值通常为系统预定义的类别，也可以自定义。可缺省，缺省值为空
		uris	表示能够接收的 Intent 的 URI，可以包含一个或者多个 URI。可缺省，缺省值为空
	deviceCapability		表示 Ability 运行时要求设备具有的能力。可缺省，缺省值为空
	type		表示 Ability 的类型。取值范围如下： page 表示基于 Page 模板开发的 FA，用于提供与用户交互的能力； service 表示基于 Service 模板开发的 PA，用于提供后台运行任务的能力； data 表示基于 Data 模板开发的 PA，用于对外部提供统一的数据访问抽象。 不可缺省
	formEnabled		表示 FA 类型的 Ability 是否提供 form 能力。该标签仅适用于 page 类型的 Ability。可缺省，缺省值为“false”
	form		表示 AbilityForm 的属性。该标签仅当“formEnabled”为“true”时，才能生效。可缺省，缺省值为空
	orientation		表示该 Ability 的显示模式。该标签仅适用于 page 类型的 Ability。取值范围如下： unspecified，由系统自动判断显示方向； landscape，横屏模式； portrait，竖屏模式； followRecent，跟随栈中最近的应用。 可缺省，缺省值为“unspecified”

续表

关键字	包含关键字	含义
abilities	backgroundModes	表示后台服务的类型，可以为一个服务配置多个后台服务类型。该标签仅适用于 service 类型的 Ability。取值范围如下： dataTransfer，通过网络 / 对端设备进行数据下载、备份、分享、传输等业务； audioPlayback，音频输出业务； audioRecording，音频输入业务； pictureInPicture，画中画、小窗口播放视频业务； voip，音视频电话、VOIP 业务； location，定位、导航业务； bluetoothInteraction，蓝牙扫描、连接、传输业务； wifiInteraction，WLAN 扫描、连接、传输业务； screenFetch，录屏、截屏业务。 可缺省，缺省值为空
	readPermission	表示读取 Ability 的数据所需的权限。该标签仅适用于 data 类型的 Ability。可缺省，缺省值为空
	writePermission	表示向 Ability 写数据所需的权限。该标签仅适用于 data 类型的 Ability。可缺省，缺省值为空
	directLaunch	表示 Ability 是否支持在设备未解锁状态直接启动。如果配置为“true”，则表示 Ability 支持在设备未解锁状态下启动。如果“deviceConfig”和“abilities”中同时配置了“directLaunch”，则采用 Ability 对应的取值；如果同时未配置，则采用系统默认值。可缺省，缺省值为“false”
	configChanges	表示 Ability 关注的系统配置集合。当已关注的配置发生变更后，Ability 会收到 onConfigurationUpdated 回调。取值范围： locale，表示语言区域发生变更； layout，表示屏幕布局发生变更； fontSize，表示字号发生变更； orientation，表示屏幕方向发生变更； density，表示显示密度发生变更。 可缺省，缺省值为空
	mission	表示 Ability 指定的任务栈。该标签仅适用于 page 类型的 Ability。默认情况下应用中所有 Ability 同属一个任务栈。可缺省，缺省值为应用的包名
	targetAbility	表示当前 Ability 重用的目标 Ability。该标签仅适用于 page 类型的 Ability。如果配置了 targetAbility 属性，则当前 Ability（即别名 Ability）的属性中仅“name”“icon”“label”“visible”“permissions”“skills”生效，其他属性均沿用 targetAbility 中的属性值。目标 Ability 必须与别名 Ability 在同一应用中，且在配置文件中目标 Ability 必须在别名之前进行声明。可缺省，缺省值为空，表示当前 Ability 不是一个别名 Ability

续表

关键字	包含关键字	含义
abilities	multiUserShared	表示 Ability 是否支持多用户状态进行共享，该标签仅适用于 data 类型的 Ability。配置为“true”时，表示在多用户下只有一份存储数据。需要注意的是，该属性会使 visible 属性失效。可缺省，缺省值为“false”
	supportPipMode	表示 Ability 是否支持用户进入画中画模式。该标签仅适用于 page 类型的 Ability。可缺省，缺省值为“false”
js		表示基于 JS UI 框架开发的 JS 模块集合，其中的每个元素代表一个 JS 模块的信息。可缺省，缺省值为空
shortcuts		表示应用的快捷方式信息。采用对象数组格式，其中的每个元素表示一个快捷方式对象。可缺省，缺省值为空
defPermission		表示应用定义的权限。应用调用者必须申请这些权限，才能正常调用该应用。可缺省，缺省值为空
reqPermissions		表示应用运行时向系统申请的权限。可缺省，缺省值为空

本章所用示例中“module”的信息如下所示。

```
"module": {
  "package": "com.example.myapplication",                    //包名
  "name": ".MyApplication",                                  // 类名
  "mainAbility": "com.example.myapplication.MainAbility",
  "supportedModes": [
        "drive"                                              // 支持驾驶模式
    ],
  ],
  "deviceType": [
    "phone",                                                 //手机设备
    "tablet",                                                //平板设备
    "tv",                                                    //电视设备
    "wearable"                                               //可穿戴设备
  ],
  "distro": {                                                //具体描述
    "deliveryWithInstall": true,                             //支持随应用安装
    "moduleName": "entry",                                   //当前 HAP 名称
    "moduleType": "entry"                                    //当前 HAP 类型
  },
  "abilities": [                                             //所有 Ability
    {
      "skills": [
        {
          "entities": [
```

```
          "entity.system.home"
        ],
        "actions": [
          "action.system.home"
        ]
      }
    ],
    "name": "com.example.myapplication.MainAbility",
    "icon": "$media:icon",
    "description": "$string:mainability_description",
    "label": "$string:entry_MainAbility",
    "type": "page",
    "launchType": "standard"
  }
],
"js": [
  {
    "pages": [
      "pages/index/index",
      "pages/index/newPage/newPage"
    ],
    "name": "default",
    "window": {
      "designWidth": 720,
      "autoDesignWidth": true
    }
  }
]
}
```

第 5 章　在画布中绘制图形

本章我们介绍一个特殊的元素——canvas（画布），通过这个元素可以实现在手机或平板电脑的屏幕上绘制指定的图形。

5.1　canvas元素

5.1.1 修改.hml文件

使用 canvas 元素要先在页面中添加标记 <canvas>，如下所示。

```
<canvas class="canvas" id="canvas1">
</canvas>
```

这里除了为这个元素设定了一个类的属性，还设置了一个 id（之后在 .js 文件中需要通过 id 来寻找元素）。

依然沿用之前的项目工程，我们将这两行代码添加到 newPage.hml 文件中，添加了 canvas 的文件内容如程序 5.1 所示。

程序5.1

```
<!-- newPage.hml -->

<div class="container">
    <text class="title">
        Hello {{ title }}
    </text>
    <canvas class="canvas" id="canvas1">
    </canvas>
    <button type="capsule" class = "title" onclick="launch">
        BACK
    </button>
</div>
```

5.1.2 修改.css文件

修改完 newPage.hml 文件后，我们在 .css 文件中设置一下 canvas 类的样式。我们设置 canvas 的大小（画布大小）为 400 像素 ×600 像素，为了能够“装”下这“张”画布，还设置整个容器的高度为 750 像素。设置后的文件内容如程序 5.2 所示。

程序5.2

```
/*newPage.css*/
.container {
    display: flex;
    justify-content: center;
    align-items: center;
    left: 0px;
    top: 0px;
    width: 454px;
    height: 750px;
}
.title {
    font-size: 30px;
    text-align: center;
    width: 200px;
    height: 100px;
}
.canvas {
    width: 400px;
    height: 600px;
}
@media screen and (device-type: phone) and (orientation: portrait) {
    .container {
        flex-direction: column;
    }
}
@media screen and (device-type: phone) and (orientation: landscape) {
    .container {
        flex-direction: row;
    }
}
```

修改了 .hml 文件和 .css 文件，就创建好了画布。

5.2 绘制方形

画布建好之后，就可以在画布上画画了，这个操作要在 .js 文件中完成。前面我们介绍过鸿蒙系统应用中页面的生命周期有 4 个事件，这里我们把绘制图形的操作放在 onShow 事件中。

5.2.1 创建画布对象

我们可以通过“var canv = this.$element("canvas1");”创建一个画布对象——canv，这里括号中的参数是之前设定的 canvas 元素的 id。然后通过 canv 对象的 getContext 方法将画布设定为 2D 的，这样得到的对象才相当于我们真正能用的画布，相应的代码如程序 5.3 所示。

程序5.3

```
var ctx = canv.getContext("2d");
```

5.2.2 绘制方块

接下来，我们就可以开始动笔了，先来绘制一个方块，对应的对象方法为 fillRect()。绘制方块的 .js 文件的内容如程序 5.4 所示，在预览窗口中看到的显示效果如图 5.1 所示。

程序5.4

```
//newPage.js
import router from '@system.router';
export default {
    data: {
        title: 'World'
    },
    onShow()
    {
        var canv = this.$element("canvas1");
        var ctx = canv.getContext("2d");
        ctx.fillRect(50,50,100,100);
    },
    launch: function() {
        router.push ({
            uri: 'pages/index/index',
        });
    }
}
```

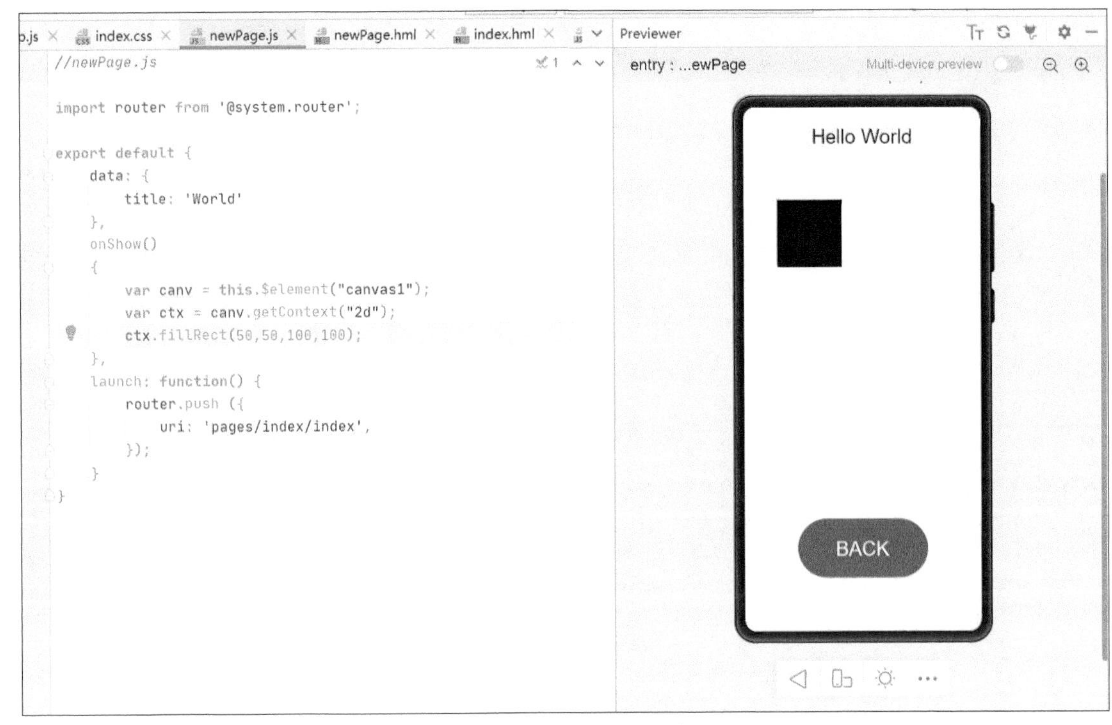

图 5.1　绘制方块的显示效果

fillRect() 方法需要 4 个参数，分别是方块左上顶点的 x 坐标、y 坐标，方块的长和宽。在程序 5.4 中，我设定方块左上顶点的坐标为（50,50），方块的大小为 100×100。如果我们想改变方块的颜色，可以在 fillRect() 方法前添加 fillStyle() 方法，如程序 5.5 所示，在预览窗口中看到的显示效果如图 5.2 所示。

程序5.5

```
......
onShow()
{
    var canv = this.$element("canvas1");
    var ctx = canv.getContext("2d");
    ctx.fillStyle = "blue";
    ctx.fillRect(50,50,100,100);
},
......
```

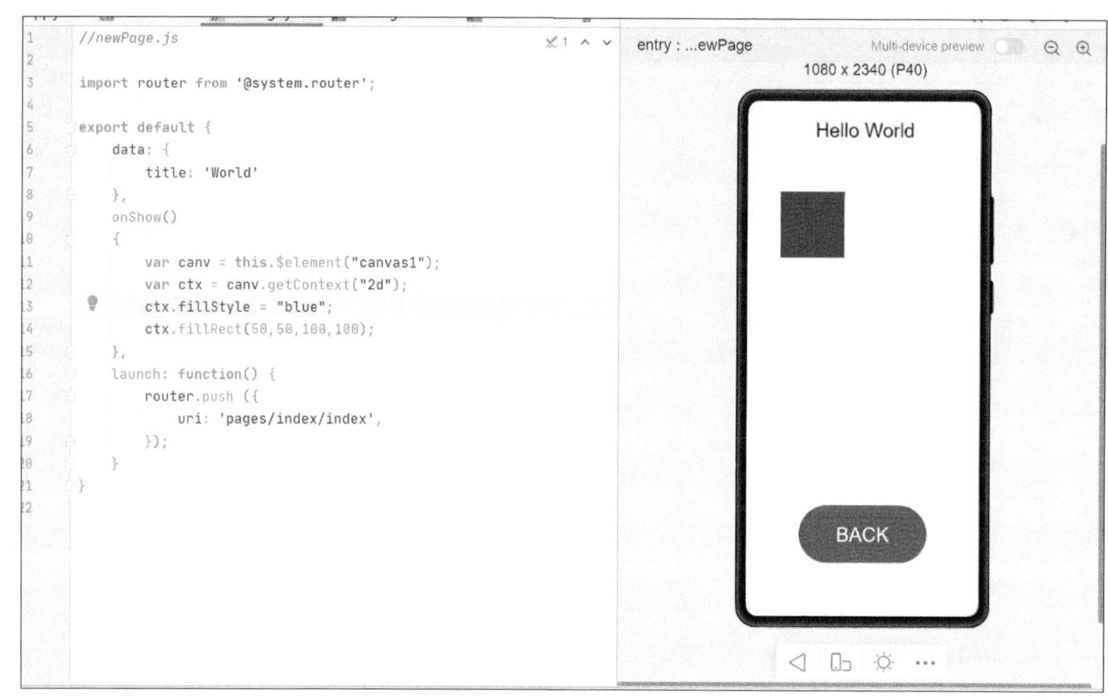

图 5.2　绘制蓝色的方块

5.2.3 绘制方框

如果我们不想绘制方块，而是想绘制一个方框，则要使用另外一个方法——strokeRect()，对应方法的修改如程序 5.6 所示，修改后预览窗口中的显示效果如图 5.3 所示。

程序5.6

```
......
onShow()
{
    var canv = this.$element("canvas1");
    var ctx = canv.getContext("2d");
    ctx.fillStyle = "blue";
    ctx.strokeRect(50,50,100,100);
},
......
```

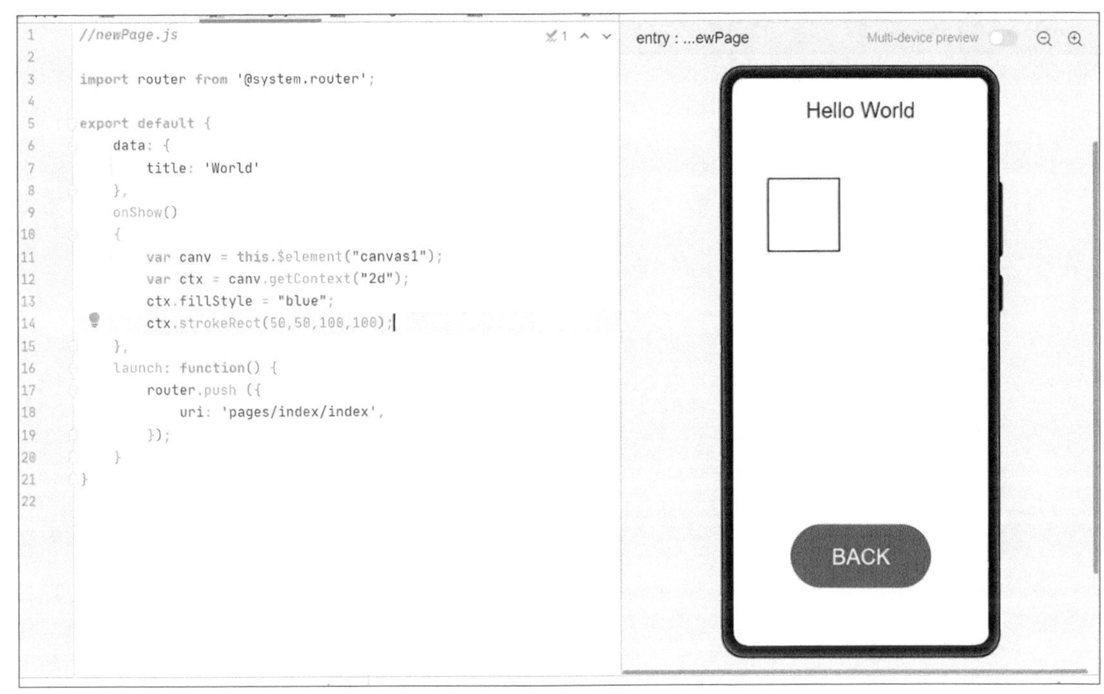

图 5.3 绘制方框

大家可能会发现一个问题，虽然我们前面设定了颜色为蓝色，但是这个方框还是黑色的。这说明 fillStyle() 方法并不能设定 strokeRect() 方法的颜色。如果想绘制一个蓝色的方框，需要使用 strokeStyle() 方法。两者的区别是 strokeStyle() 方法是设置线条的颜色，而 fillStyle() 方法是设定填充的颜色。这里我们还使用 lineWidth() 方法设定了方框的线宽。这两个方法的使用方式如程序 5.7 所示，使用后的显示效果如图 5.4 所示。

程序5.7

```
......
onShow()
{
    var canv = this.$element("canvas1");
    var ctx = canv.getContext("2d");

    ctx.strokeStyle = "Blue";
    ctx.lineWidth = 4;
    ctx.strokeRect(50,50,100,100);
},
......
```

```
//newPage.js

import router from '@system.router';

export default {
    data: {
        title: 'World'
    },
    onShow()
    {
        var canv = this.$element("canvas1");
        var ctx = canv.getContext("2d");

        ctx.strokeStyle = "blue";
        ctx.lineWidth = 4;
        ctx.strokeRect(50,50,100,100);
    },
    launch: function() {
        router.push ({
            uri: 'pages/index/index',
        });
    }
}
```

entry : ...ewPage   Multi-device preview

Hello World

BACK

图 5.4　绘制蓝色的方框

5.2.4 绘制国际象棋棋盘

本小节，我们利用绘制方块的方法绘制一个国际象棋棋盘。国际象棋棋盘有 8 × 8 = 64 个方格，黑色方格和白色方格（方框）各占总数的一半，两者是交互放置的，如图 5.5 所示。如果一个格的大小是 40 像素 ×40 像素，那么 8 个格的大小就是 320 像素 ×320 像素。

图 5.5　国际象棋

我们可以用两个 for 循环来绘制这些方格，如程序 5.8 所示。

程序5.8

```
......
onShow()
```

```
{
    var canv = this.$element("canvas1");
    var ctx = canv.getContext("2d");

    ctx.lineWidth = 2;
    ctx.strokeRect(20,20,320,320);
    for(var j= 0 ;j <4;j++)
    {
        for(var i= 0 ;i <4;i++)
        {
            ctx.fillRect(i*80+20,j*80+20,40,40);
            ctx.fillRect(i*80+60,j*80+60,40,40);
        }
    }
},
......
```

我们一次绘制两行，每行分别是 4 个方块（只绘制黑色方块，剩下的就是白色方块）。因此两个 for 循环的循环次数都是 4。现在我们来看一下图 5.6 所示的页面显示效果。

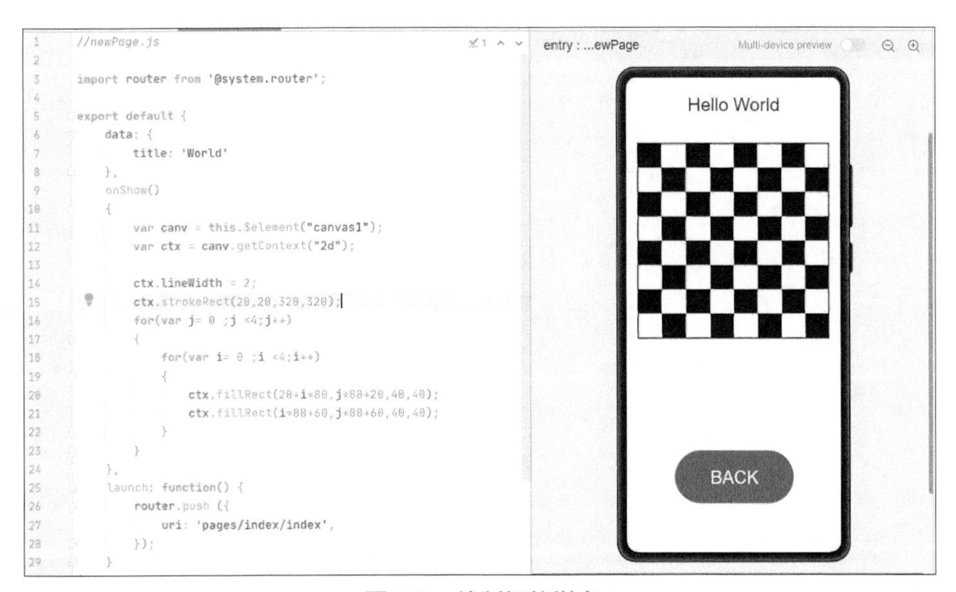

图 5.6　绘制好的棋盘

接下来，我们解析一下绘制棋盘的程序。在这个程序中，首先绘制了一个棋盘大小的方框（320 像素 ×320 像素），这个方框的左上顶点的坐标为 (20,20)，然后是两个嵌套在一起的 for 循环。

for 循环的使用极为灵活，它不仅可以用于循环次数确定的情况，还可用于循环次数不确定但给出了循环条件的情况。for 循环的一般语法形式如下所示。

```
for（表达式1；表达式2；表达式3）
{
    内嵌语句
}
```

for循环的执行过程为：先求解表达式1，一般情况下，表达式1为循环结构的初始化语句，给循环计数器赋初值；然后求解表达式2，若其值为假，则终止循环，若其值为真，则执行for循环的内嵌语句；执行内嵌语句后，求解表达式3；最后继续求解表达式2，并对求解的值进行判断，直到表达式2的值为假，结束循环。

for循环最简单也是最典型的语法形式如下所示。

```
for（循环变量赋初值；循环条件；循环变量增量）
{
    内嵌语句
}
```

循环变量赋初值是一条赋值语句，用来给循环控制变量赋初值。循环条件是一个关系表达式，决定什么时候退出循环。循环变量增量用来定义循环控制变量每次循环后按什么方式变化。这3个部分之间用分号隔开。

对于for循环的一般语法形式可用如下所示的while循环的语法形式或do…while循环的语法形式进行解释。

```
//while循环
表达式1;
while（表达式2）
{
内嵌语句
表达式3;
}
//do…while循环
表达式1;
do{
内嵌语句
表达式3;
}while（表达式2）;
```

在使用for循环时要注意以下几点。

◆ for循环中的表达式1、表达式2和表达式3都是选择项，分号不能省略。

◆ 若3个表达式都省略，则for循环变成for（；；），相当于while（1）死循环。

◆ 表达式2一般是关系表达式或逻辑表达式，但也可以是数值表达式或字符表达式，只要其值非零，就执行循环体。

程序 5.8 中的第一个 for 循环的初始条件是设定变量 j 的初始值为 0，然后判断 j 的当前值是不是小于 4，因为 j 的当前值是初始值 0，小于 4，所以接下来会执行大括号中的代码。第一个 for 循环大括号中的代码是第二个 for 循环。第二个 for 循环的初始条件是设定变量 i 的初始值为 0，然后判断 i 的当前值是不是小于 4，因为 i 的当前值是初始值 0，小于 4，所以会执行第二个 for 循环大括号中的代码。第二个 for 循环中的代码是绘制两个黑色方块，由于 i 和 j 的当前值都是 0，所以方块的位置是 (20,20) 和 (60,60)。此时显示效果如图 5.7 所示。

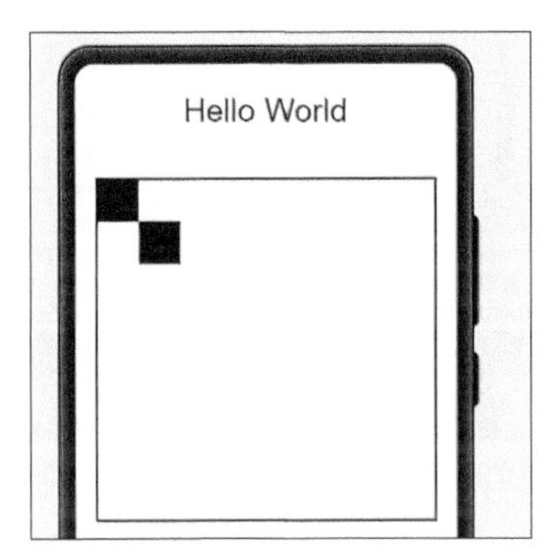

图 5.7　只绘制了两个黑色方块时的显示效果

此时，第二个 for 循环的内嵌语句就算执行完了。程序接着会执行第二个 for 循环的表达式 3，这里是将 i 的值加 1。执行完表达式 3，程序会判断 i 的当前值是不是小于 4，此时 i 的当前值为 1，表达式 2 依然成立，程序会再次执行第二个 for 循环大括号中的代码，即绘制两个黑色方块，由于 i 的当前值是 1，j 的当前值是 0，所以方块的位置是 (100,20) 和 (140,60)。此时显示效果如图 5.8 所示。

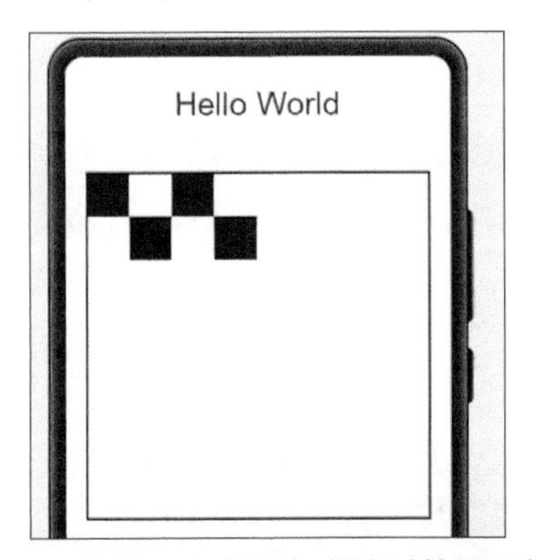

图 5.8　绘制了四个黑色方块时的显示效果

这样第二个 for 循环的内嵌语句又执行了一遍，接着程序又会执行第二个 for 循环的表达式 3，这里是将 i 的值加 1。执行完表达式 3，程序会判断 i 的当前值是不是小于 4，i 的当前值为 2，表达式 2 依然成立，程序再次执行大括号中的代码，即绘制两个黑色方块，由于 i 的当前值是 2，j 的当前值是 0，所以方块的位置是 (180,20) 和 (220,60)。再往下 i 又会加 1，即当前值变成 3，依然小于 4，同样还会绘制两个黑色方块，此时显示效果如图 5.9 所示。

图 5.9　绘制了前两行方块时的效果

i 继续加 1，其当前值为 4，不再小于 4，此时第二个 for 循环的表达式 2 就不成立了，第二个 for 循环结束，这表示第一个 for 循环中的内嵌代码执行完了。接着，程序会执行第一个 for 循环的表达式 3，即将 j 的值加 1。然后判断第一个 for 循环的表达式 2 是否成立，j 的当前值为 1，小于 4，表达式 2 成立，再次执行第一个 for 循环中的内嵌代码。这段内嵌代码会绘制第三行和第四行的黑色方块。以此类推，当绘制完第七和第八行的黑色方块时，再运行第一个 for 循环的表达式 3，j 的当前值为 4，第一个 for 循环的表达式 2 不成立，此时已经绘制完整个棋盘，程序退出 for 循环。

绘制好棋盘后，我们再来添加一个棋子。这里采用在 canvas 中添加图像的方法，为此我们需要先准备好图像。由于目前绘制的这个棋盘的一格大小是 40 像素 ×40 像素，我们设定棋子的大小是 36 像素 ×36 像素。打开绘图软件，新建一个大小为 36 像素 ×36 像素的图像，这里我简单地绘制了一个车 (Rook)，如图 5.10 所示。

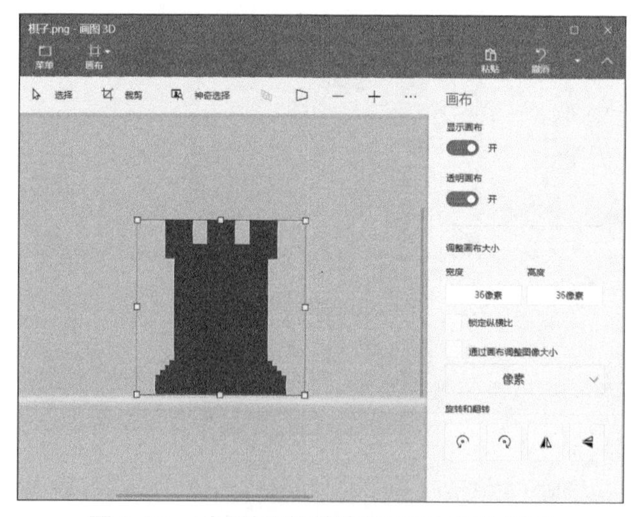

图 5.10　利用绘图软件绘制国际象棋的棋子

先将图像保存到计算机里。注意这里背景一定是透明的，保存图像时也要将图像保存为带透明通道的 .png 格式的文件。然后将这个图像文件放到工程目录 common.images 下，为此可以在目录 common.images 上单击鼠标右键，然后在弹出的菜单中选择“Show in Explorer（在资源管理器中显示）”，如图 5.11 所示。

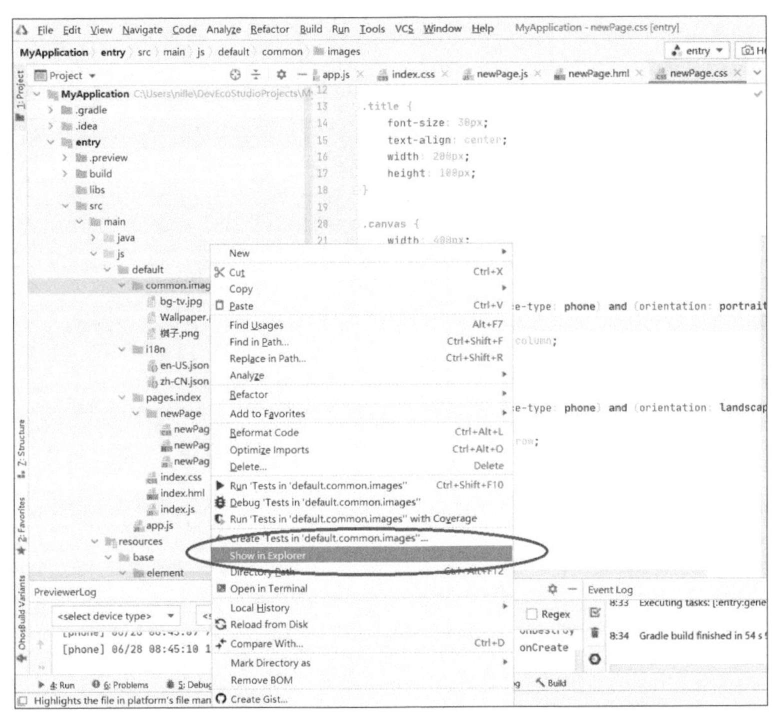

图 5.11 在资源管理器中显示 common.image 的内容

打开文件夹后，将刚刚创建的图像文件保存到 images 文件夹下，这里我的图像文件名为 Rook.png。保存图像后，我们在工程目录 common.images 下就能看到对应的文件了。接下来我们开始修改 .js 文件。在 canvas 中使用图像资源需要定义一个 Image 对象，这个对象有一个名为 src 的属性，这个属性就是图像所处的位置，这个位置既可以是网络的位置，也可以是项目工程中图像所在的位置。如下所示将棋子图像内容添加到代码中。

```
var img = new Image();
img.src = "/common/images/Rook.png";
```

然后使用 drawImage() 方法就能将图片显示出来，添加了一个棋子后的代码如程序 5.9 所示。

程序5.9

```
......
onShow()
{
    var img = new Image();
```

```
    img.src = "/common/images/Rook.png";
    var canv = this.$element("canvas1");
    var ctx = canv.getContext("2d");
    ctx.lineWidth = 2;
    ctx.strokeRect(20,20,320,320);
    for(var j= 0 ;j <4;j++)
    {
        for(var i= 0 ;i <4;i++)
        {
            ctx.fillRect(i*80+20,j*80+20,40,40);
            ctx.fillRect(i*80+60,j*80+60,40,40);
        }
    }
    ctx.drawImage(img,22,22);
},
......
```

显示图像的 drawImage() 方法有 3 个参数，第一个是我们要显示的图像对象，第二个和第三个是图像的位置，这里要将图像放在棋盘的第一个格子内，因此对应的两个数值均为 22。

添加了一个棋子后的显示效果如图 5.12 所示。

图 5.12　添加了一个棋子后的显示效果

大家可以尝试添加剩余的棋子。

5.3　绘制线段与弧线

在上一节，我们通过绘制方块完成了一个国际象棋棋盘的绘制，不过这种方式比较单一，灵活度不够。本节我们将介绍画布较基本的两种绘图方式——绘制线段和绘制弧线。

5.3.1 绘制线段

绘制线段可以使用 lineTo() 方法，不过只用 lineTo() 方法是完成不了任务的。我们先来看看程序 5.10 所示的例子。

程序5.10

```
......
onShow()
{
    var canv = this.$element("canvas1");
    var ctx = canv.getContext("2d");
    ctx.lineWidth = 2;
    ctx.strokeStyle = "red";
    ctx.beginPath();
    ctx.moveTo(10, 10);
    ctx.lineTo(60, 60);
    ctx.moveTo(60,10);
    ctx.lineTo(10,60);
    ctx.stroke();
},
......
```

这个例子是在画布上绘制一个红色的叉，显示效果如图 5.13 所示。

图 5.13　绘制一个红色的叉

我们结合显示效果和程序 5.10 来说明这是如何实现的。前面已经讲述过如何用 strokeStyle() 方法设置颜色，这里就不再介绍了。设置颜色后的 beginPath() 方法可以理解为是用来初始化这种路径形式绘图方式的，然后通过 moveTo() 方法将画笔移动到线段的起始点，接着通过 lineTo() 方法从起始点绘制一条线段到 lineTo() 方法的参数截止点。本例中我们绘制了两条线段，并通过 stroke() 方法将绘制的线段显示了出来。beginPath() 方法后的操作有点像我们在草稿上画图，内容对大家是不可见的，而 stroke() 方法像我们把草稿拿出来给大家看。

5.3.2 填充路径

和 stroke() 方法相似，fill() 方法也能够实现这个目的。但不同的是，stroke() 方法只显示线段，而 fill() 方法会将线段围起来的区域按照设定的填充颜色涂满并显示。比如我们通过程序 5.11 画一个三角形。

程序5.11

```
......
onShow()
{
    var canv = this.$element("canvas1");
    var ctx = canv.getContext("2d");
    ctx.fillStyle = "blue";
    ctx.beginPath();
    ctx.moveTo(10, 10);
    ctx.lineTo(60, 60);
    ctx.lineTo(110,10);
    ctx.fill();
},
......
```

因为是使用 fill() 方法填充区域的，所以需要用 fillStyle() 方法设置颜色，页面中的效果如图 5.14 所示。注意，在程序中我们实际上只画了两条线段，但填充的时候 fill() 方法会将这个区域变成一个封闭的区域。

图 5.14　绘制三角形

说明：大家可以自己尝试用这种方法绘制方块。

5.3.3 绘制弧线

绘制弧线使用的是 beginPath() 方法和 arc() 方法，我们通过程序 5.12 所示的例子对这个方法进行说明。示例的显示效果如图 5.15 所示。

程序5.12

```
......
onShow()
{
    var canv = this.$element("canvas1");
    var ctx = canv.getContext("2d");
    ctx.beginPath();
    ctx.arc(50,50,30,0,Math.PI*2,false);
    ctx.stroke();
},
......
```

图 5.15　绘制圆形

arc() 方法需要 6 个参数，第 1 个、第 2 个参数是圆心；第 3 个参数是指半径；第 4 个参数是弧线的起始角度，0° 的位置是 3 点钟的方向；第 5 个参数是弧线的截止角度，这里用 MATH 中的 PI 来表示角度，PI 对应的是 180° ，PI*2 对应的是 360° ；第 6 个参数是弧线的绘制方向，false 是顺时针绘制弧线。程序 5.12 所示的例子绘制了一个整圆，弧线的方向没有反映出来。我们通过绘制半圆来体会一下弧线的绘制方向，同样是绘制一个 0° 到 180° 的圆弧，一个顺时针绘制，一个逆时针绘制，如程序 5.13 所示，显示效果如图 5.16 所示。

程序5.13

```
......
onShow()
{
    var canv = this.$element("canvas1");
    var ctx = canv.getContext("2d");
    ctx.beginPath();
    ctx.arc(150,50,30,0,Math.PI,true);
    ctx.stroke();
    ctx.beginPath();
```

```
    ctx.arc(50,50,30,0,Math.PI,false);
    ctx.stroke();
},
......
```

图 5.16　用不同绘制方向绘制弧线

5.3.4 绘制围棋棋盘

掌握了以上基本的绘图方法之后，我们来绘制一个围棋棋盘。围棋棋盘横竖各有 19 条线，如果棋盘上每一格的边长是 18 像素，那么整个棋盘的大小应该是 18 像素 ×18 像素 ，即 19 条横向线段、19 条纵向线段，组成每行每列 18 个方格。

第一步，绘制这 38 条线段。这一步很好理解，就是每隔 18 像素绘制一条横线和一条竖线，如程序 5.14 所示。

程序5.14

```
......
onShow()
{
    var canv = this.$element("canvas1");
    var ctx = canv.getContext("2d");

    ctx.beginPath();
    for(var i = 0;i < 19;i++)
    {
        ctx.moveTo(15+i*18, 15);
        ctx.lineTo(15+i*18, 339);
        ctx.moveTo(15, 15+i*18);
        ctx.lineTo(339,15+i*18);
    }
    ctx.stroke();
},
......
```

这是一个循环 19 次的 for 循环，每次画一条横线和一条竖线，棋盘的起始位置在（15，15），所以线段的终止位置是 324+15 = 339。因为这里使用的是绘制线段的方法，所以需要用到 beginPath() 方法和 stroke() 方法。完成后的页面显示效果如图 5.17 所示。

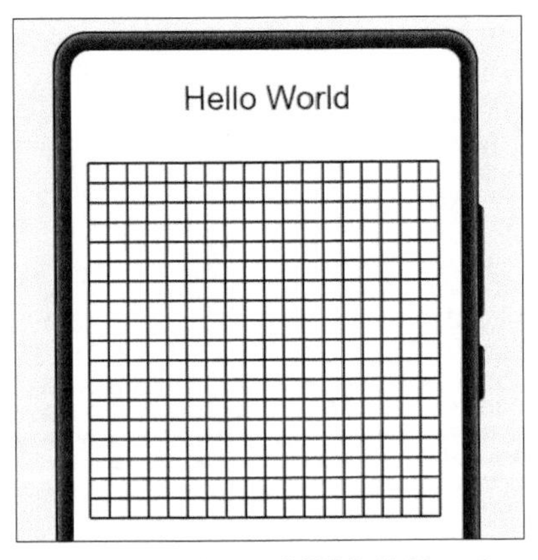

图 5.17　绘制围棋棋盘的第一步

绘制完线段，第二步要绘制棋盘上的点。棋盘上共有 9 个黑点被称作“星”，最中间的“星”称作“天元”。4 条边上的“星”是各边的第 4 条线的中点，4 个角的“星”是各边第 4 条线的交叉点。依照这个规则计算出各个点的位置，然后在对应位置绘制一个实心的黑色圆圈即可，如程序 5.15 所示。

程序5.15

```
......
onShow()
{
    var canv = this.$element("canvas1");
    var ctx = canv.getContext("2d");
    ctx.beginPath();
    for(var i = 0;i < 19;i++)
    {
        ctx.moveTo(15+i*18, 15);
        ctx.lineTo(15+i*18, 339);
        ctx.moveTo(15, 15+i*18);
        ctx.lineTo(339,15+i*18);
    }
    ctx.stroke();

    for(i = 0;i < 3;i++) {
        ctx.beginPath();
```

```
        for(var j = 0;j < 3;j++) {
            ctx.arc(i * 108+69, j * 108+69, 4, 0, Math.PI * 2, false);
        }
        ctx.fill();
    }
},
......
```

通过计算得到第 4 行的“星”对应的坐标分别为（69,69）、（177,69）、（285,69），中间一行的“星”对应的坐标分别为（69,177）、（177,177）、（285,177），最下面一排“星”对应的坐标为（69,285）、（177,285）、（285,285）。177 和 69 相差 108，285 和 177 相差也是108(或者可以直接计算中间相差的格子得到 18×6=108)，因此这里用了两个嵌套的for循环，并通过带变量的坐标（i *108+69，j *108+69）来绘制“星”。“星”的半径设为 4 像素，最后围棋棋盘的显示效果如图 5.18 所示。

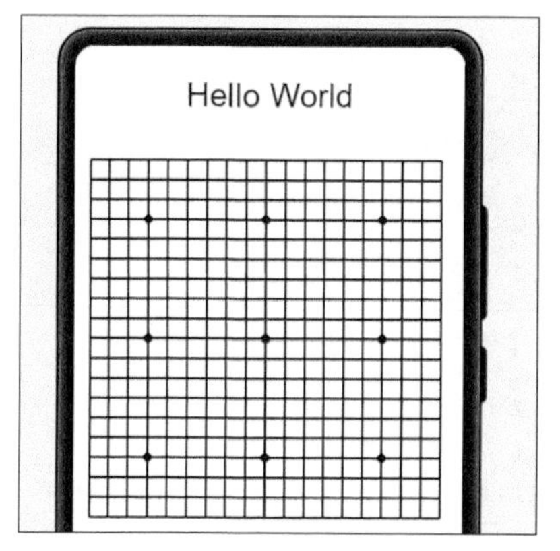

图 5.18　最终绘制的围棋棋盘

围棋棋盘绘制好之后，我们也可以尝试放置几个围棋棋子。

黑色棋子比较好处理，相当于大一点的“星”，由于围棋棋盘上两条线的间距为 18 像素，这里设定棋子的半径为 8 像素。那么摆放两个黑色棋子的程序如程序 5.16 所示。

程序5.16

```
......
onShow()
{
    var canv = this.$element("canvas1");
    var ctx = canv.getContext("2d");
    ctx.beginPath();
    for(var i = 0;i < 19;i++)
    {
```

```
        ctx.moveTo(15+i*18, 15);
        ctx.lineTo(15+i*18, 339);
        ctx.moveTo(15, 15+i*18);
        ctx.lineTo(339,15+i*18);
    }
    ctx.stroke();
    for(i = 0;i < 3;i++) {
        ctx.beginPath();
        for(var j = 0;j < 3;j++) {
            ctx.arc(i * 108+69, j * 108+69, 4, 0, Math.PI * 2, false);
        }
        ctx.fill();
    }
    var blackGoPos = [2,3];
    ctx.beginPath();
    ctx.arc(15+blackGoPos[0]*18, 15+blackGoPos[1]*18, 8, 0, Math.PI * 2, false);
    ctx.fill();
    blackGoPos = [4,2];
    ctx.beginPath();
    ctx.arc(15+blackGoPos[0]*18, 15+blackGoPos[1]*18, 8, 0, Math.PI * 2, false);
    ctx.fill();
},
......
```

程序中使用了 blackGoPos 数组定义棋子的位置，这样看起来会更加直观，比如 [2,3] 表示棋子在第 3 条竖线、第 4 条横线的位置（每条线都是从 0 开始数的），而 [4,2] 表示棋子在第 5 条竖线、第 3 条横线的位置。添加了两个黑色棋子后的显示效果如图 5.19 所示。

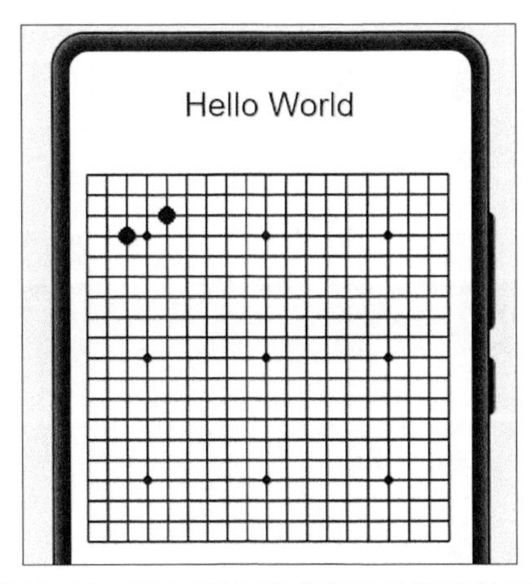

图 5.19　添加两个黑棋子后的显示效果

添加完黑色棋子后，我们再添加白色棋子。绘制黑色棋子时其颜色为方法默认的黑色，现在绘时制的白色棋子其颜色需要设定填充颜色为白色，如程序 5.17 所示。

程序5.17

```
......
ctx.fillStyle="white";
var whiteGoPos = [3,5];
ctx.beginPath();
ctx.arc(15+whiteGoPos[0]*18, 15+whiteGoPos[1]*18, 8, 0, Math.PI * 2, false);
ctx.fill();

whiteGoPos = [3,8];
ctx.beginPath();
ctx.arc(15+whiteGoPos[0]*18, 15+whiteGoPos[1]*18, 8, 0, Math.PI * 2, false);
ctx.fill();
......
```

程序 5.17 只展示了绘制白色棋子部分的程序，两个棋子的位置分别为 [3,5] 和 [3,8]，此时预览窗口的显示效果如图 5.20 所示。

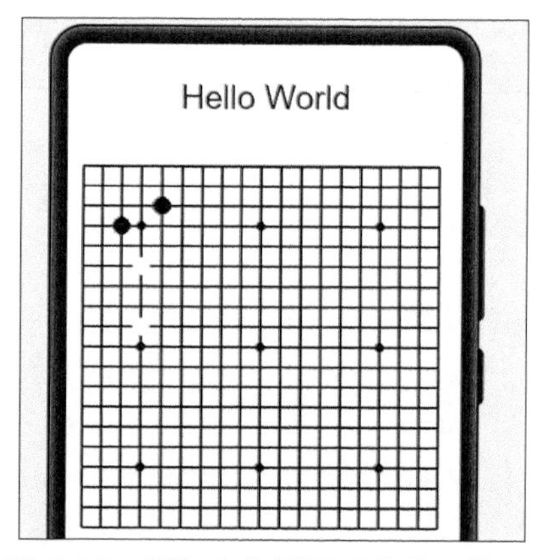

图 5.20　增加白色棋子后的显示效果

我们在图 5.20 中会发现一个比较严重的问题——白色棋子没有“边缘线”，就好像我们从棋盘上擦去一块区域，而不像是放了一个白色棋子，所以我们在绘制白色棋子时还要绘制一个“框”，这可以使用 stroke() 方法来完成。修改后的程序如程序 5.18 所示。

程序5.18

```
......
onShow()
{
    var canv = this.$element("canvas1");
```

```
    var ctx = canv.getContext("2d");
    ctx.beginPath();
    for(var i = 0;i < 19;i++)
    {
        ctx.moveTo(15+i*18, 15);
        ctx.lineTo(15+i*18, 339);
        ctx.moveTo(15, 15+i*18);
        ctx.lineTo(339,15+i*18);
    }
    ctx.stroke();
    for(i = 0;i < 3;i++) {
        ctx.beginPath();
        for(var j = 0;j < 3;j++) {
            ctx.arc(i * 108+69, j * 108+69, 4, 0, Math.PI * 2, false);
        }
        ctx.fill();
    }
    //绘制黑色棋子
    var blackGoPos = [2,3];
    ctx.beginPath();
    ctx.arc(15+blackGoPos[0]*18, 15+blackGoPos[1]*18, 8, 0, Math.PI * 2, false);
    ctx.fill();
    blackGoPos = [4,2];
    ctx.beginPath();
    ctx.arc(15+blackGoPos[0]*18, 15+blackGoPos[1]*18, 8, 0, Math.PI * 2, false);
    ctx.fill();
    //绘制白色棋子
    ctx.fillStyle="white";
    var whiteGoPos = [3,5];
    ctx.beginPath();
    ctx.arc(15+whiteGoPos[0]*18, 15+whiteGoPos[1]*18, 8, 0, Math.PI * 2, false);
    ctx.stroke();
    ctx.fill();
    whiteGoPos = [3,8];
    ctx.beginPath();
    ctx.arc(15+whiteGoPos[0]*18, 15+whiteGoPos[1]*18, 8, 0, Math.PI * 2, false);
    ctx.stroke();
    ctx.fill();
},
......
```

这表示我们绘制白色棋子时，会先绘制一个圆形，然后填充颜色，圆形的颜色和填充的颜色不同，其显示效果如图 5.21 所示。

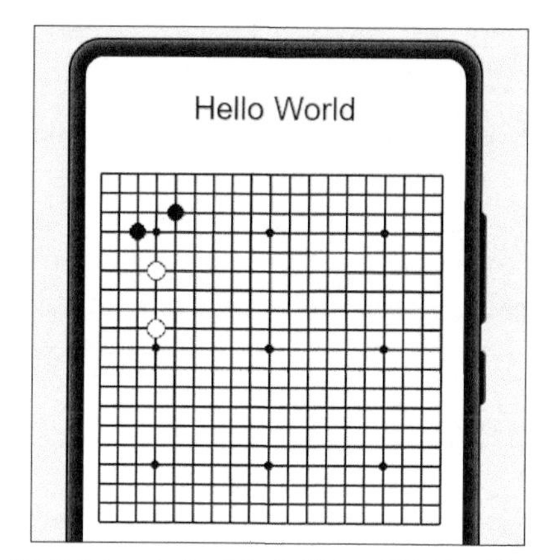

图 5.21　完善了白色棋子后的显示效果

5.4　弹球动画

本节之前的内容是绘制静态图像。绘制静态图像结合定时功能，可以在画布中实现动态效果，本节我们就来实现一个简单的弹球动画，具体要实现的功能是页面中有不断移动的圆球，当圆球碰到页面边缘时，会反弹。

5.4.1 对象

在开始制作动画前，我们要先了解一下对象的概念。在 JavaScript 中，对象更像是字典，是通过键值对来保存数据的。比如定义一个自己的对象，如程序 5.19 所示。

程序5.19

```
var player = {
            name : "nille",
            height : 175,
            weight : 70
    };
```

键值对中间是一个冒号，冒号之前是关键字，冒号之后是对应的值，不同键值对之间用逗号分隔。如果我们想查看某一项信息，可以使用符号“.”，比如“player.name”就是查看对象 player 的name信息。另外在JavaScript中可以通过直接输入信息添加对象的键值对，比如我们输入“player.age = 20”，当我们再次查看 player 的信息时，会发现这个信息已经被添加在对象中了。

5.4.2 对象的方法

这里要特别说明一下，键值对中的值并不只能是数字或字符串，也可以是函数，不过在对象中的函数通常称为方法。假如这里要为 player 添加一个 say() 方法，当调用这个方法的时候会输出信息“hello”，则输入内容如下所示。

player.say = function(){console.log(“hello”);};

接着如果我们在程序中执行 player.say()，控制台就会输出“hello”。

说明：这里要注意因为 say 是一个方法，所以在输入代码时后面一定要加一对小括号。

好了，现在我们进入正题。这里依然沿用之前的画布。当有了画布时，第一步就是要建立一个 ball 对象，如程序 5.20 所示。这里设置了小球的初始位置、初始水平速度和初始垂直速度。

程序5.20

```
var ball = {
            x : 100,
            y : 100,
            xSpeed : -2,
            ySpeed : -2
    };
```

第二步要定义一个绘制小球的 draw() 方法以及控制小球运动的 move() 方法，如程序 5.21 所示。这里我们用到了 this 关键字，this 是表示当前这个对象，这里 this.x 就是指 ball 的 x 键。this 的用途非常广泛，大家可以多多留意。

程序5.21

```
ball.draw = function()
{
    ctx.beginPath();
    ctx.arc(this.x,this.y,10,0,Math.PI*2,false);
    ctx.fill();
};
ball.move = function()
{
    this.x = this.x + this.xSpeed;
    this.y = this.y + this.ySpeed;
};
```

5.4.3 定时功能

虽然现在有了绘制小球的 draw() 方法以及控制小球运动的 move() 方法，但我们还没让小球有机会使用这两个方法。要让小球动起来，需要利用定时功能 setInterval() 方法，具体用法如程序 5.22 所示。

程序5.22

```
setInterval(function(){
    ctx.clearRect(0,0,400,600);
    ball.draw();
    ball.move();
},30);
```

这个方法其实有两个参数，第一个参数是就是要定时执行的方法，这里我们直接把方法的内容写在了这里，即程序将会执行的一段程序；第二个参数是定时的时间，30 表示每 30ms 会执行一次方法的参数。

如果大家觉得这些写不太容易理解，那么定时功能 setInterval() 方法还有另外一种写法，即把要执行的方法独立出来，如下所示。

```
setInterval(this.moveBall,30);
```

此时就要单独实现其中的 moveBall() 方法，moveBall() 方法如程序 5.23 所示。

程序5.23

```
moveBall(){
    ctx.clearRect(0,0,400,600);
    ball.draw();
    ball.move();
}
```

在这个方法中，我们首先清除整个画布的内容（之前设置的画布大小为 400 像素 × 600 像素），然后绘制小球，最后改变小球的位置（让小球运动）。此时完整的 .js 文件的内容如程序 5.24 所示。

程序5.24

```
//newPage.js
import router from '@system.router';
var ctx = null;
//对象 ball
var ball = {
    x : 100,
    y : 100,
    xSpeed : -2,
    ySpeed : -2
};
//小球的绘制方法
ball.draw = function()
```

```
{
    ctx.beginPath();
    ctx.arc(this.x,this.y,10,0,Math.PI*2,false);
    ctx.fill();
};

//小球的运动方法
ball.move = function()
{
    this.x = this.x + this.xSpeed;
    this.y = this.y + this.ySpeed;
};

export default {
    data: {
        title: 'World'
    },
    onShow()
    {
        var canv = this.$element("canvas1");
        ctx = canv.getContext("2d");
        //启动定时器
        setInterval(this.moveBall,30);
    },
    launch: function() {
        router.push ({
            uri: 'pages/index/index',
        });
    },
    moveBall(){
        ctx.clearRect(0,0,400,600);
        ball.draw();
        ball.move();
    }
}
```

另外，为了能够直观地看到画布的边框，我们在 .css 文件中修改了 canvas 类的样式，如程序 5.25 所示。这个样式设定了画布周围显示宽度为 2 像素的红色盒体，显示效果如图 5.22 所示。

程序5.25

```
.canvas {
    width: 400px;
    height: 600px;
    border:2px solid red;
}
```

图 5.22　运动的小球

5.4.4 边界判断

在预览的时候，我们会发现小球可以运动到画布之外的区域，这和我们预想的不太一致，因此在程序中还需要添加边缘检测方法，如程序 5.26 所示。

程序5.26

```
//小球位置检测
ball.checkCanvas = function()
{
    if(this.x < 0 || this.x >400)
       this.xSpeed = -this.xSpeed;
    if(this.y < 0 || this.y >600)
       this.ySpeed = -this.ySpeed;
};
```

这个方法很简单，就是判断小球的坐标，如果检测到小球的坐标超出画布的尺寸，就改变小球运动的方向(通过改变运动速度的正负值实现)。最后，我们在定时操作方法中加入边缘检测方法，当再次预览显示效果时，我们就会看到一个小球在红框内来回运动。

第 6 章　围棋定式助记应用

由于我最近在学习一些围棋的定式，所以在本章中将利用之前介绍的内容实现一个围棋定式助记应用的项目。

6.1　项目功能描述

6.1.1 定式选择

在使用这个应用时，设备屏幕上会有一个定式的列表，这个列表会占半个屏幕，其中的内容是不同的图标（图标下有文字说明）。当点中图标时，在屏幕的另外半边会出现对应定式的最后样式。另外在屏幕中有一个按钮，点击它会进入按步骤展示定式的页面。

这个应用我们设定只针对手机使用，支持横屏显示和竖屏显示两种显示方式。在竖屏横屏显示时，页面上方为展示的定式，下方为定式的列表，而按钮在页面的最下方，对应定式选择的页面布局如图 6.1 所示。

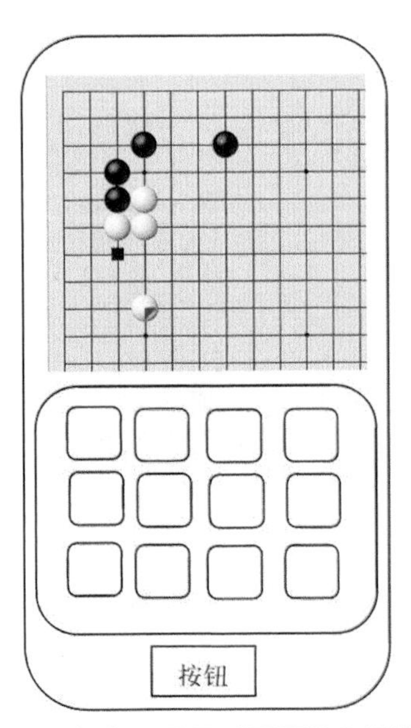

图 6.1　手机竖屏显示时页面的布局示意图

在横屏显示时，页面的左侧为展示的定式，右侧为定式的列表，按钮在页面右侧的最下方，对应定式选择的页面布局如图 6.2 所示。

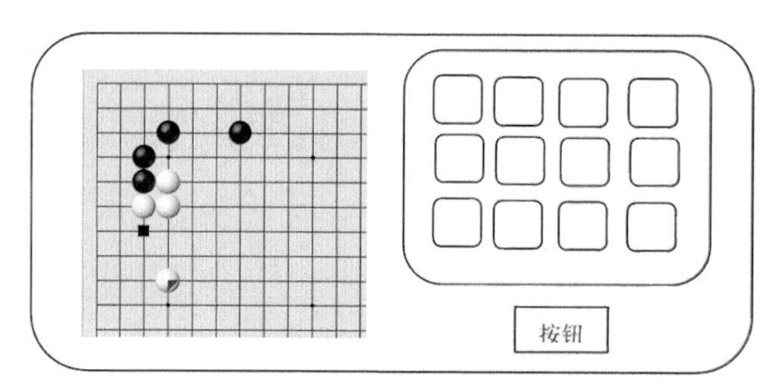

图 6.2　手机横屏显示时页面的布局示意图

说明：所谓定式，是指围棋布局阶段，双方在角部的争夺中按照一定行棋次序，选择比较合理的走法，最终形成双方大体安定、利益大小均等的基本棋形。定式大体可以分为小目定式、高目定式、星定式、三三定式、目外定式，这些大的定式下面又详细分为尖、夹、压、托、飞等基本型，基本型后面有不同的变型等。

6.1.2 定式展示

选中图标并点击页面中的按钮，会进入按步骤展示定式的页面（即按照一定行棋次序定时、逐个地显示棋子）。这个页面比较简单，只有一个棋盘的局部和一个用于返回定式选择页面的按钮。这两个元素的位置也比较简单，不管是在竖屏显示时还是横屏显示时，都是上下居中排列。竖屏显示的页面布局如图 6.3 所示。

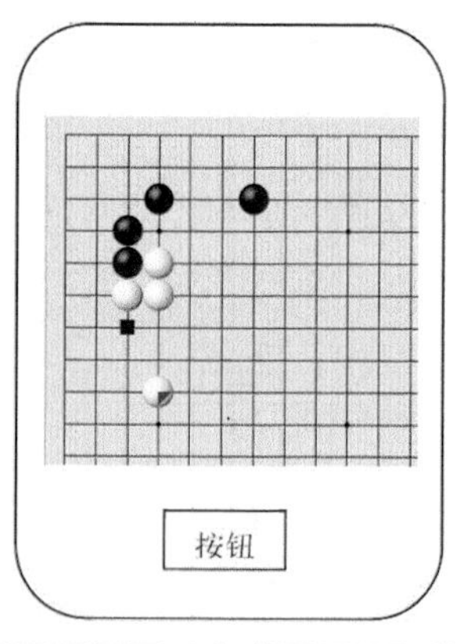

图 6.3　手机竖屏显示时定式展示页面的布局示意图

6.2　定式选择页面布局

6.2.1 创建新项目

描述了应用的功能并大致介绍了页面的布局后，我们就来实现这个应用。第一步创建一个新的项目。在 DevEco Studio 的菜单中选择新建项目，会出现图 2.1 所示的对话框。为了减小后续开发的工作量，我们这次选择一个有很多图标列表的类型，如图 6.4 所示。

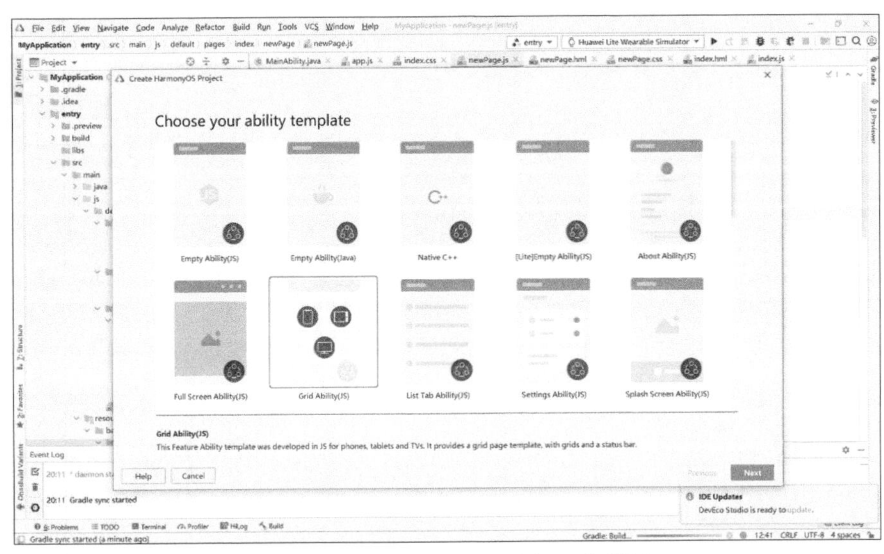

图 6.4　新建项目并重新选择一个模板

这个类型在页面中本身就创建了很多排列好的小图标，这样能减少我们编写 .hml 文件和 .css 文件的时间。单击对应类型后，我们能看到这个类型默认支持手机、平板电脑和电视机这 3 种设备。下面我们单击“Next”，进入项目配置对话框，如图 6.5 所示。

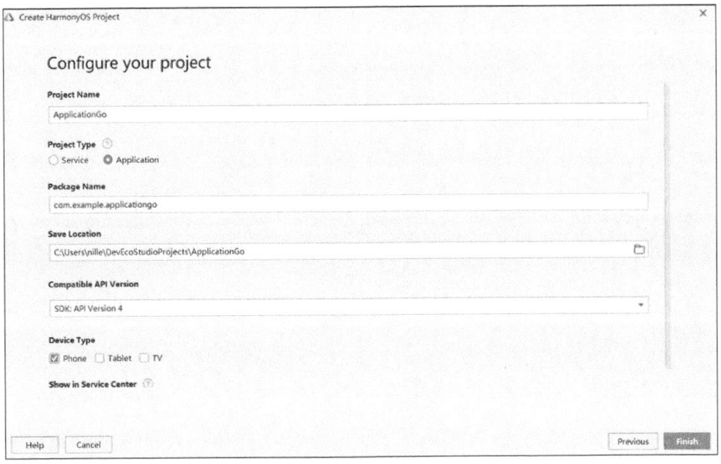

图 6.5　项目配置对话框

这里将项目名命名为 ApplicationGo，因为围棋的英文是 Go（之前以 4 比 1 的总比分击败围棋世界冠军职业九段棋手李世石的人工智能就叫作 AlphaGo）。项目类型选为 Application（应用），项目设备类型（Device Type）只选手机（Phone）。

说明：围棋的英文名 Go 并不是去某处、移动、行走的意思，这个名称实际上是围棋的英译名。围棋起源于中国，但为什么它的英译是 Go，而不是 Weiqi 呢？这是因为围棋的英译名 Go 是译自日语，在日语中，围棋叫"囲碁"或者"碁"（在中文里面，碁读 qí 时，是棋的异体字），读作"いご"（igo）或者"ご"(go)，因此英语中围棋的名称就译成日语中"ご"的读音（Go）。

选好选项后，单击"Finish"，软件就会基于选定的内容创建一个新项目。此时新项目的预览效果如图 6.6 所示。

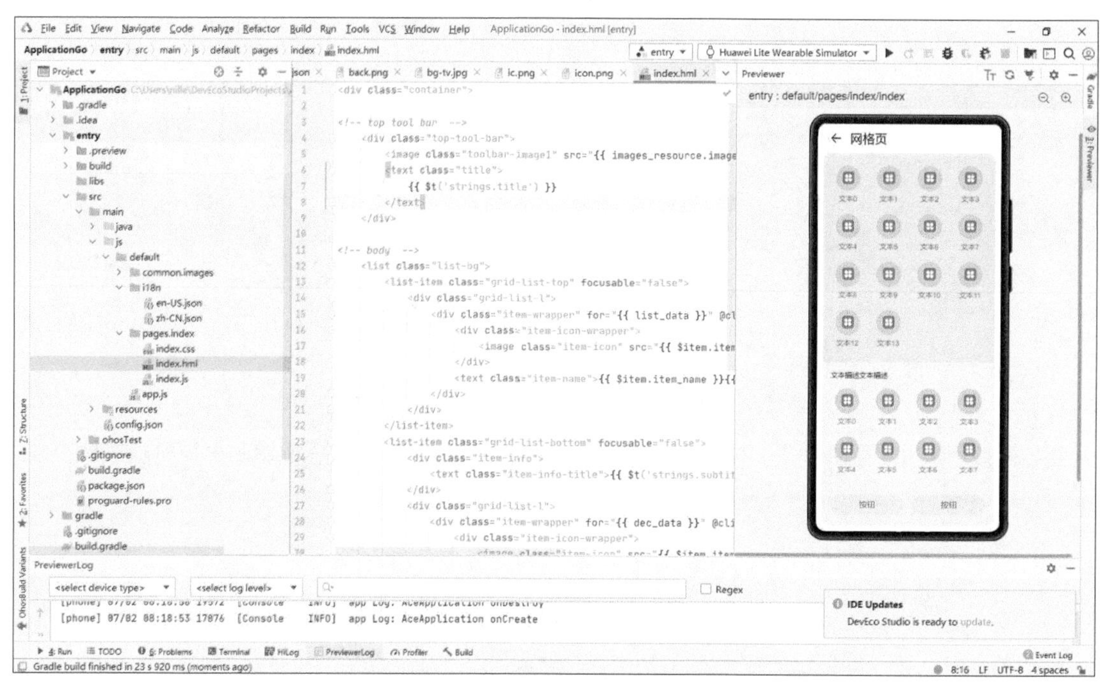

图 6.6　新建项目的预览效果

这里能看到，在这个页面中大致有两个区域，每个区域都包含了很多排列好的小图标，每个图标下面有对应的文字，在页面的最下方还有两个按钮。这个效果与我们要实现的效果已经很接近了。

6.2.2 页面布局分析

下面就基于目前的页面效果进行一些调整。不过在调整之前，我们还需要分析一下目前的页面。

我们先打开这个项目工程中的 index.hml 文件。猛得一看，这个文件内容非常多，要比之前空项目中的 index.hml 文件多太多了。为了方便阅读文件，我们在这里介绍一种在 DevEco Studio 中阅读程序的方法。

在图 6.6 中，我们看一下中间代码区的左侧，在代码与行号（数字）之间，有一串小方块，方块中间有“+”或“-”的符号，如图 6.7 所示。

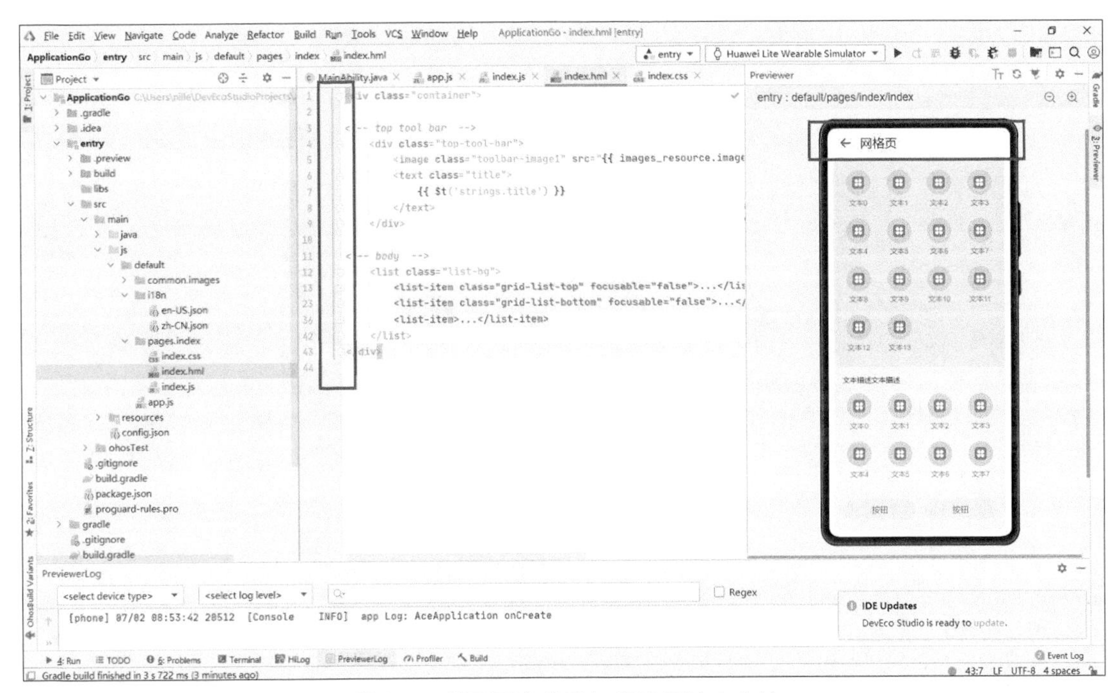


```
1   <div class="container">
2
3   <!-- top tool bar -->
4       <div class="top-tool-bar">
5           <image class="toolbar-image1" src="{{ images_resource.image
6           <text class="title">
7               {{ $t('strings.title') }}
8           </text>
9       </div>
10
11  <!-- body -->
12      <list class="list-bg">
13          <list-item class="grid-list-top" focusable="false">...</li
23          <list-item class="grid-list-bottom" focusable="false">...</
36          <list-item>...</list-item>
42      </list>
43  </div>
44
```

图 6.7　代码区中代码与行号间的小方块

当我们单击带有“-”号的小方块时，对应的代码就会按照元素或组件折叠起来，折叠后对应的一行代码表示整个元素或组件以及这个元素或组件中包含的元素与组件。这种方式能帮助我们很快梳理出整个页面的框架，如果目前这个项目工程中 index.hml 文件的程序被折叠成图 6.7 所示的样子，那么我们就能直观地看出这个页面的根元素是一个 div 容器，而这个容器主要由两部分组成，第一部分是上面的标题栏，对应文件中的代码前有一行注释——<!-- top tool bar -->，在图中能看到我们并没有折叠这段代码，这个部分依然是一个 div 容器，容器中又包含了一个图像元素 image 和一个文本元素 text，其在页面中的显示内容见图 6.7 中右侧的红色方块部分。根元素的第二部分就是剩下的内容，对应文件中的代码前也有一行注释——<!-- body -->，这个部分是一个列表元素 list，列表元素中又包含 3 个 list-item 元素，其中背景颜色较深的小图标区域为第一个 list-item 元素，背景颜色较浅的小图标区域为第二个 list-item 元素，最后两个按钮位于第三个 list-item 元素中。整个 index.hml 文件的结构如图 6.8 所示。

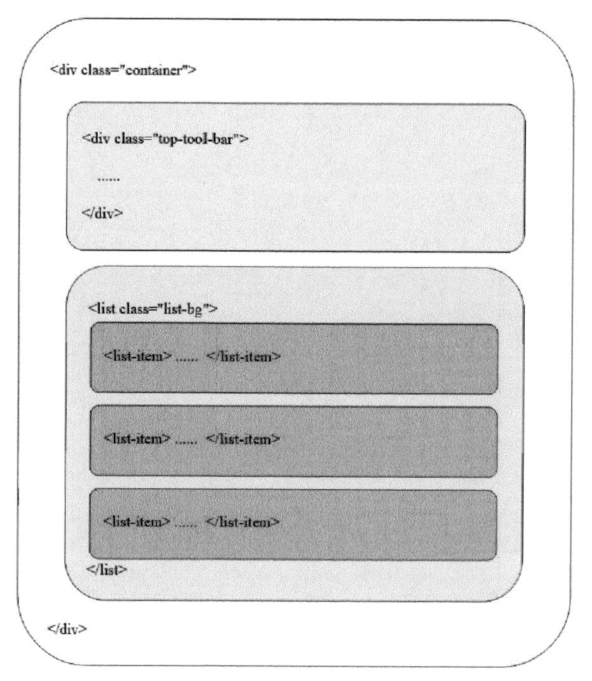

图 6.8 index.hml 文件的结构

进一步地，每个 list-item 元素中又包含相应的 div 元素，具体元素信息这里就不展开了，我们结合之后的交互再来详细介绍。现在打开 index.css 文件看看各个部分的样式。

根元素 div 的类的属性为 container，对应 index.css 文件中 container 类的规则为如程序 6.1 所示。

程序6.1

```
.container {
    display: flex;
    flex-direction: column;
    justify-content: flex-start;
    align-items: flex-start;
    width: 100%;
    left: 0px;
    top: 0px;
}
```

这表示容器的宽度与屏幕宽度一致（width: 100%），左上角坐标为 (0,0)，另外容器当中的元素从上向下排列、左对齐。这里指容器中包含的 div 容器和 list 列表中的元素从上向下排列、左对齐。

根元素中第一部分 div 的类的属性为 top-tool-bar，对应 index.css 文件中 top-tool-bar 类的规则如程序 6.2 所示。

程序6.2

```
.top-tool-bar {
    display: flex;
    flex-direction: row;
    align-items: center;
    width: 100%;
    height: 56px;
    padding-left: 24px;
    padding-right: 24px;
}
```

这表示容器的宽度与屏幕宽度一致，高度为 56 像素，容器内左右填充宽度为 24 像素。另外容器中的元素横向从左向右排列、居中对齐，这里指容器中包含的箭头图像和之后的文本从左向右排列、居中对齐。

根元素中第二部分 list 的类的属性为 list-bg，对应 index.css 文件中 list-bg 类的规则如程序 6.3 所示。

程序6.3

```
.list-bg {
    width: 100%;
    flex-direction: column;
    justify-content: flex-start;
    align-items: flex-start;
    bottom: 12px;
    margin: 12px 12px 8px 12px;
    background-color: rgba(0, 0, 0, 0.1);
    border-radius: 16px;
}
```

这表示 list 的宽度与屏幕宽度一致，底部距离屏幕边缘 12 像素，list 的盒子边沿宽度分别为 12 像素、12 像素、8 像素和 12 像素，背景颜色为黑色，背景不透明度为 0.1，盒子的 4 个角设为圆角，圆角半径为 16 像素。另外其中的元素从上向下排列、左对齐，这里指的是其中的 3 个 list-item 元素从上向下排列、左对齐。而每个 list-item 元素中的内容又是如何的样式，我们同样结合之后的交互再来详细介绍。

6.2.3 页面布局规划

下面基于现有的页面来规划一下我们的目标页面。在规划页面时，我们需要对每个基本元素思考以下几个问题。

◆ 该元素的尺寸和排列位置。

◆ 是否有重叠的元素。

◆ 是否需要设置对齐、元素内间距或者边界。

◆ 是否包含子元素及其排列位置。

◆ 是否需要容器组件及其类型。

分解页面中的元素，再对每个基本元素按顺序实现，可以减少多层嵌套造成的视觉混乱和逻辑混乱，提高代码的可读性，方便我们后续调整页面。

在这个应用中，我们可以将定式的列表和按钮看成一个整体，并将两者放在一个容器中，而展示的定式单独作为一个整体用 canvas 方法实现，如图 6.9 所示。

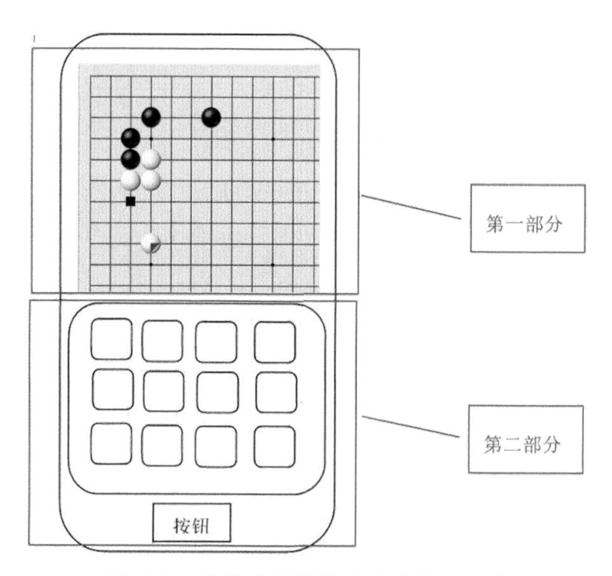

图 6.9　将整个页面的内容分为两部分

这样，页面的根元素就相当于也由两部分组成，参照目前的 index.hml 文件，可以直接将第一部分替换成一个 canvas 方法，即将程序 6.4 替换成程序 6.5。

程序6.4

```
<!-- top tool bar  -->
    <div class="top-tool-bar">
            <image  class= " toolbar-image1 " src= " {{ images_resource.image_add }} "
@click="backHome">
        </image>
        <text class="title">
            {{ $t('strings.title') }}
        </text>
    </div>
```

程序6.5

```
<!-- top tool bar  -->
    <div class="top-tool-bar">
        <canvas class="canvas" id="canvas1">
        </canvas>
    </div>
```

基于这两个部分，我们来确定一下 container 类的规则，如下所示。

◆ 宽度与屏幕宽度一致。

◆ 左上角坐标为 (0,0)。

◆ 当手机竖屏显示时，容器内的元素竖直排列；当手机横屏显示时，容器内的元素水平排列。

这个内容基本没变，只是在手机横屏显示时，需要单独说明一下其中的元素要横向排列。因此需要在 index.css 文件中增加程序 6.6。

程序6.6

```
@media screen and (device-type: phone) and (orientation: landscape) {
    .container {
        flex-direction: row;
    }
}
```

另外因为新增的 canvas 类的属性为 canvas，所以需要新增一个 canvas 类的规则说明，这里只是设定 canvas 的大小，规则如程序 6.7 所示。

程序6.7

```
.canvas {
    width: 300px;
    height: 300px;
}
```

新增的 canvas 类依然在根元素的第一部分的 div 中，其类的属性以前是表示容器的宽度与屏幕宽度一致，高度为 56 像素，容器内左右填充的宽度为 24 像素，容器当中的元素横向从左向右排列、居中对齐。这里我们要将高度为 56 像素的内容去掉，取消对这个 div 的高度限制。另外，容器内四边都填充 24 像素，且容器内元素上、下、左、右居中（因为只有一个元素）。修改后的内容如程序 6.8 所示。

程序6.8

```
.top-tool-bar {
    display: flex;
    flex-direction: row;
```

```
    justify-content: center;
    align-items: center;
    width: 100%;
    padding: 24px;
}
```

此时手机横屏显示时的页面效果已经满足项目的需求了，如图 6.10 所示。

图 6.10　增加了 canvas 之后的页面显示效果

我们再来看一下手机横屏显示时的效果，如图 6.11 所示。

图 6.11　增加了 canvas 之后，手机横屏显示时的页面效果

在这个效果图中，我们能发现两个按钮是在下方横穿整个屏幕的，这个效果与预期的不太一致。按钮是属于第二部分的元素，我们来看一下按钮对应的显示规则。

先在 index.hml 文件中找到第 3 个 list-item 元素对应的内容，如程序 6.9 所示。

程序6.9

```
......
<list-item>
    <div class="bottom-btn">
        <button class="btn-button" value="{{ $t('strings.button-one') }}"type="capsule">
        </button>
        <button class="btn-button" value="{{ $t('strings.button-two') }}" type="capsule">
        </button>
    </div>
</list-item>
......
```

通过这段程序，我们知道放置按钮的 div 容器，其类的属性为“bottom-btn”，因此在 index.css 文件中找到这个类的规则描述，如程序 6.10 所示。

程序6.10

```
.bottom-btn {
    flex-direction: row;
    justify-content: center;
    align-items: center;
    margin-left: 12px;
    margin-right: 12px;
    width: 100%;
    padding: 20px 8px 20px 8px;
    bottom: 12px;
    position: fixed;
    background-color: #F1F3F5;
    border-bottom-left-radius: 16px;
    border-bottom-right-radius: 16px;
}
```

在这段程序中，我们能发现按钮之所以在下方横穿整个屏幕，是因为按钮所在的 div 容器采用的是固定定位。我们删掉程序中红色的一行代码，然后预览页面的效果，会发现虽然按钮没有在下方横穿整个屏幕，但我们需要每次都将列表滑动到最后才能看到按钮。这样的交互就显得有点太烦琐了。

为了解决这个问题，我们来重新规划一下第二部分。

我们重新设定在第二部分中又分为两个部分，分别是上面的列表和下面的按钮，这两者同时放在一个 div 容器中，并设定这个 div 类的属性为“list-right”。基于新的设定来确定 list-right 类的规则如下所示。

◆ 宽度与屏幕宽度一致。

◆ 容器内的元素从上向下排列，中心对齐。

因此在 index.css 文件中增加程序 6.11。

程序6.11

```
.list-right {
    display: flex;
    flex-direction: column;
    justify-content: flex-start;
    align-items: center;
    width: 100%;
}
```

这个容器中要包含列表（这里只保留一个 list-item 元素）和按钮，因此调整后的 index.hml 中第二部分的内容如程序 6.12 所示，在预览窗口中手机横屏显示的页面如图 6.12 所示。

程序6.12

```
......
<!-- body  -->
    <div class="list-right">
        <list class="list-bg">
            <list-item class="grid-list-top" focusable="false">
                <div class="grid-list-l">
                            <div class= " item-wrapper " for= " {{ list_data }} " @click=
"listFocus($idx)">
                        <div class="item-icon-wrapper">
                            <image class="item-icon" src="{{ $item.item_icon }}">
                            </image>
                        </div>
                        <text class="item-name">
                            {{ $item.item_name }}{{ $idx }}
                        </text>
                    </div>
                </div>
            </list-item>
        </list>
```

```
        <div class="bottom-btn">
            <button class="btn-button"
                    value="{{ $t('strings.button-one') }}"
                    type="capsule"></button>
            <button class="btn-button"
                    value="{{ $t('strings.button-two') }}"
                    type="capsule"></button>
        </div>
    </div>
......
```

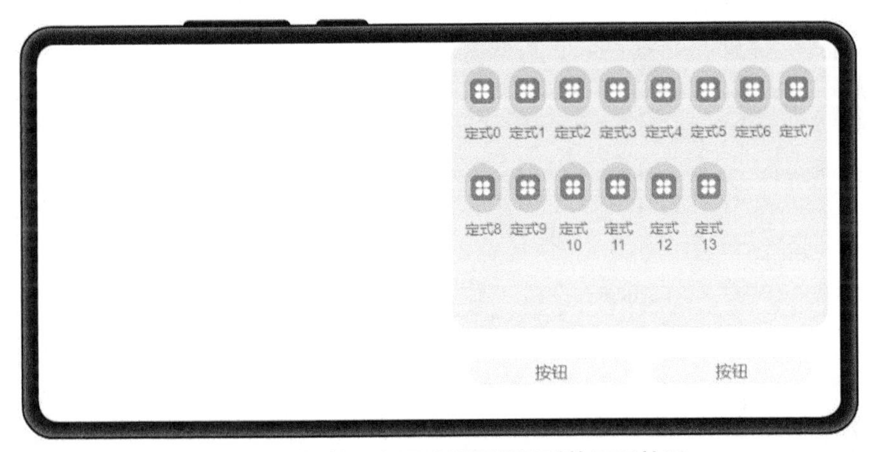

图 6.12 调整了布局后横屏显示时的页面效果

在这个页面中，列表就和按钮分开了，此时整个 index.hml 文件的结构如图 6.13 所示。

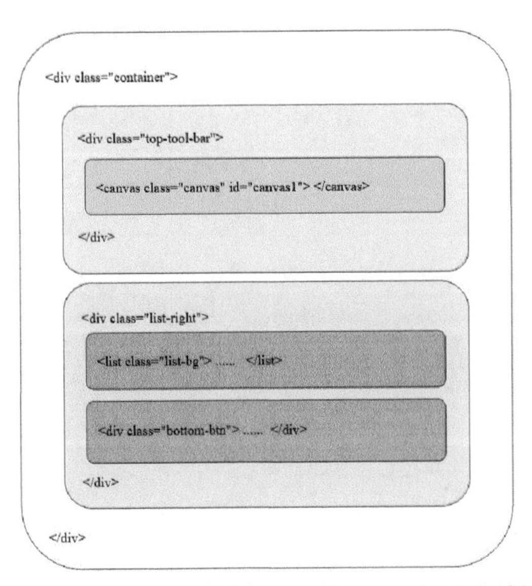

图 6.13 最终完成的定式选择页面的 index.hml 文件的结构

6.3 定式选择页面功能实现

设计好页面后，本节我们来修改 index.js 文件，实现的功能是当点击列表中对应的子项时，会在 canvas 中出现对应定式的最后样式。

6.3.1 绘制棋盘

因为定式一般是在角部争夺，所以在这个 canvas 中只要能显示大于 1/4 的棋盘即可，进而在这个项目中我们可以将棋盘上每一格的大小设置得大一些。参照本书 5.3.4 节中的内容，我们编写一个绘制棋盘的 drawBoard 方法，如程序 6.13 所示。

程序6.13

```
var drawBoard = function(_ctx,size){
    _ctx.beginPath();
    for(var i = 0;i < 19;i++)
    {
        _ctx.moveTo(15+i*size, 15);
        _ctx.lineTo(15+i*size, size*18+15);
        _ctx.moveTo(15, 15+i*size);
        _ctx.lineTo(size*18+15,15+i*size);
    }
    _ctx.stroke();
    for(i = 0;i < 3;i++) {
        _ctx.beginPath();
        for(var j = 0;j < 3;j++) {
            _ctx.arc(i * size*6+size*3+15, j * size*6+size*3+15, 4, 0, Math.PI * 2, false);
        }
        _ctx.fill();
    }
};
```

这个方法中有两个参数，第一个参数为画布对象，第二个参数为棋盘中格子的大小。编写方法的内容后，我们将其加入 onShow 方法中，如程序 6.14 所示。

程序6.14

```
......
onShow()
{
    var canv = this.$element("canvas1");
    var ctx = canv.getContext("2d");
    drawBoard(ctx,25);
```

```
},
......
```

说明：index.js 文件本身没有 onShow() 方法，所以要将 onShow() 方法添加到程序中，添加的过程参考本书第五章。

绘制棋盘后页面显示的效果如图 6.14 所示。

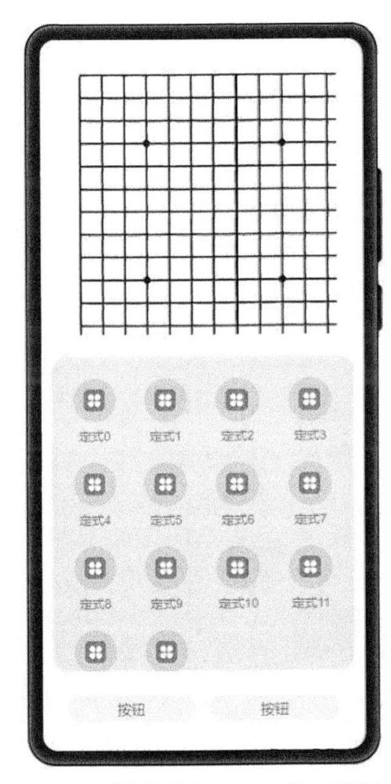

图 6.14　绘制棋盘后页面显示的效果

6.3.2 显示定式

绘制好棋盘后，就可以开始摆放棋子了。这要利用这个项目本身已经实现的一个功能。

当前在预览页面的时候，如果我们点击列表中的小图标，就会发现会在选项卡 PreviewerLog 中出现类似如下的信息。

```
[phone] 07/02 22:55:34 1032   [Console   DEBUG]   app Log: 0
[phone] 07/02 22:59:44 1032   [Console   DEBUG]   app Log: 3
```

这个信息最后的数字和我们点击的小图标位置相对应，左上角第 1 个小图标对应的数字为 0，然后右边的一个是 1，再右边的一个是 2，以此类推。

出现这个信息是因为点击列表时会触发 listFocus 方法（参见 index.hml 文件中列表元素部分），这个方法在 index.js 文件中的内容如程序 6.15 所示。

程序6.15

```
......
listFocus($idx) {
    this.$element($idx).focus({
        focus: true
    });
    console.log($idx);
}
......
```

由此，我们能知道在选项卡 PreviewerLog 中出现信息是因为文件中有一句“console.log($idx);”。这句代码会输出传递过来的参数 idx，而这个参数表示的是小图标的序号。我们可以在这里判断参数 idx 的值，然后对应地显示定式。比如我们显示星位定式——小飞定式的基本型，如图 6.15 所示。

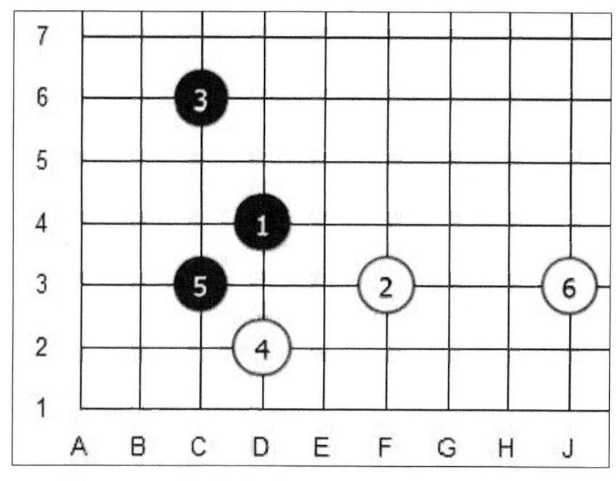

图 6.15　星位定式——小飞定式的基本型

图 6.15 中显示的是棋盘的左下角，而在这个应用中显示的是左上角，因此这里做一个变换，得到对应黑棋的位置为 [2,2]、[3,3] 和 [2,5](依然是每边从 0 开始数，[2,2] 表示棋子在第 3 条竖线、第 3 条横线的位置)，白棋位置为 [3,1]、[5,2] 和 [8,2]。参考本书 5.3.4 中的内容，这里针对列表中的第 1 个小图标添加的显示定式的内容如程序 6.16 所示。

程序6.16

```
......
listFocus($idx) {
    this.$element($idx).focus({
        focus: true
    });
    console.log($idx);
```

```
    if($idx == 0)
    {
        var canv = this.$element("canvas1");
        var ctx = canv.getContext("2d");
        ctx.clearRect(0,0,300,300);
        drawBoard(ctx,25);
        //绘制黑色棋子
        var blackGoPos = [2,2];
        ctx.beginPath();
        ctx.arc(15+blackGoPos[0]*25, 15+blackGoPos[1]*25, 12, 0, Math.PI * 2, false);
        ctx.fill();
        blackGoPos = [3,3];
        ctx.beginPath();
        ctx.arc(15+blackGoPos[0]*25, 15+blackGoPos[1]*25, 12, 0, Math.PI * 2, false);
        ctx.fill();
        blackGoPos = [2,5];
        ctx.beginPath();
        ctx.arc(15+blackGoPos[0]*25, 15+blackGoPos[1]*25, 12, 0, Math.PI * 2, false);
        ctx.fill();
        //绘制白色棋子
        ctx.fillStyle="white";
        var whiteGoPos = [3,1];
        ctx.beginPath();
        ctx.arc(15+whiteGoPos[0]*25, 15+whiteGoPos[1]*25, 12, 0, Math.PI * 2, false);
        ctx.stroke();
        ctx.fill();
        whiteGoPos = [5,2];
        ctx.beginPath();
        ctx.arc(15+whiteGoPos[0]*25, 15+whiteGoPos[1]*25, 12, 0, Math.PI * 2, false);
        ctx.stroke();
        ctx.fill();
        whiteGoPos = [8,2];
        ctx.beginPath();
        ctx.arc(15+whiteGoPos[0]*25, 15+whiteGoPos[1]*25, 12, 0, Math.PI * 2, false);
        ctx.stroke();
        ctx.fill();
        ctx.fillStyle="black";
    }
},
......
```

为了让程序更加直观，我们还可以设置两个方法 drawBlack() 和 drawWhite()，如程序 6.17 所示。

程序6.17

```
var drawBlack = function(_ctx,_pos){
    _ctx.beginPath();
    _ctx.arc(15+_pos[0]*25, 15+_pos[1]*25, 12, 0, Math.PI * 2, false);
    _ctx.fill();
};
var drawWhite = function(_ctx,_pos){
    _ctx.fillStyle="white";
    _ctx.beginPath();
    _ctx.arc(15+_pos[0]*25, 15+_pos[1]*25, 12, 0, Math.PI * 2, false);
    _ctx.stroke();
    _ctx.fill();
    _ctx.fillStyle="black";
};
```

编写了 drawBlack() 方法和 drawWhite() 方法后，listFocus() 方法中的内容就变成了程序 6.18。

程序6.18

```
......
listFocus($idx) {
    this.$element($idx).focus({
        focus: true
    });
    console.log($idx);
    if($idx == 0)
    {
        var canv = this.$element("canvas1");
        var ctx = canv.getContext("2d");
        //清除画布
        ctx.clearRect(0,0,300,300);
        drawBoard(ctx,25);
        //绘制黑色棋子
        var goPos = [2,2];
        drawBlack(ctx,goPos);
        goPos = [3,3];
        drawBlack(ctx,goPos);
        goPos = [2,5];
```

```
        drawBlack(ctx,goPos);
        //绘制白色棋子
        goPos = [3,1];
        drawWhite(ctx,goPos);
        goPos = [5,2];
        drawWhite(ctx,goPos);
        goPos = [8,2];
        drawWhite(ctx,goPos);
    }
},
......
```

类似地，我们还可以编写 $idx == 1、$idx == 2……时对应摆放的棋子。这样这个定式选择页面的功能就算完成了。显示星位定式——小飞定式基本型的页面效果如图 6.16 所示。

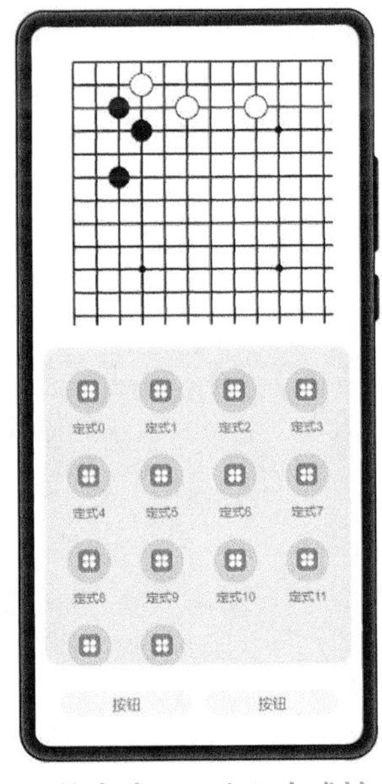

图 6.16　显示星位定式——小飞定式基本型的页面效果

6.3.3 页面中显示的文本

定位选择页面的功能目前已经实现了，不过看图 6.16 所示的显示效果，列表中小图标对应的文字以及按钮上的文本还都是默认值，这些文本最好也能够修改成我们需要的内容。

先来看按钮，这两个按钮左边对应的文本为“详情”，右边对应的文本为“退出”。我们直接在 index.hml 文件中修改，将程序 6.19 改为程序 6.20。

程序6.19

```
......
<div class="bottom-btn">
```

```
    <button class="btn-button"
            value="{{ $t('strings.button-one') }}"
            type="capsule">
    </button>
    <button class="btn-button"
            value="{{ $t('strings.button-two') }}"
            type="capsule">
    </button>
</div>
......
```

程序6.20

```
......
<div class="bottom-btn">
    <button class="btn-button"
            value=" 详情 "
            type="capsule">
    </button>
    <button class="btn-button"
            value=" 退出 "
            type="capsule"
            onclick="backHome">
    </button>
</div>
......
```

另外这里对于“退出”按钮增加了响应点击事件的 backHome 方法，这个方法也是这个项目本身在 index.js 文件中已经实现的一个方法。

说明：当然这里也可以修改 zh-CN.json、en-US.json 中的内容，具体方式参见本书 4.1.2 节。

接着来改小图标下方对应的文本。我们还是先来看看 index.hml 文件，文件的内容如程序 6.21 所示。

程序6.21

```
......
<div class="item-wrapper" @click="listFocus($idx)"
     for="{{ list_data }}">
    <div class="item-icon-wrapper">
        <image class="item-icon" src="{{ $item.item_icon }}">
```

```
            </image>
        </div>
        <text class="item-name">
            {{ $item.item_name }}{{ $idx }}
        </text>
    </div>
......
```

通过程序，我们能够看出页面中的小图标以及对应的文字是批量实现的，即通过列表数据 list_data 来找到对应的图标以及文字（$item. 此处即对应 list_data），因此我们只要修改 list_data 中的数据，就能够修改页面中显示的文本，甚至是图标。

下面打开 index.hml 文件，找到 list_data 对应的部分，如下程序 6.22 所示。

程序6.22

```
......
list_data: [
    {
        item_icon: 'common/images/icon.png',
        item_name: 'Text',
    },
    {
        item_icon: 'common/images/icon.png',
        item_name: 'Text',
    },
    {
        item_icon: 'common/images/icon.png',
        item_name: 'Text',
    },
    {
        item_icon: 'common/images/icon.png',
        item_name: 'Text',
    },
    {
        item_icon: 'common/images/icon.png',
        item_name: 'Text',
    },
    {
        item_icon: 'common/images/icon.png',
        item_name: 'Text',
    },
```

```
    {
        item_icon: 'common/images/icon.png',
        item_name: 'Text',
    },
    {
        item_icon: 'common/images/icon.png',
        item_name: 'Text',
    },
    {
        item_icon: 'common/images/icon.png',
        item_name: 'Text',
    },
    {
        item_icon: 'common/images/icon.png',
        item_name: 'Text',
    },
    {
        item_icon: 'common/images/icon.png',
        item_name: 'Text',
    },
    {
        item_icon: 'common/images/icon.png',
        item_name: 'Text',
    },
    {
        item_icon: 'common/images/icon.png',
        item_name: 'Text',
    },
    {
        item_icon: 'common/images/icon.png',
        item_name: 'Text',
    }
],
......
```

这里，我们能看到其中的每一项都包含了一个图标的路径以及对应的文本，目前所有的内容都是一样的。因此在 index.hml 文件中，才会在文本中添加了一个序号来区别不同的列表项，如下所示。

```
{{ $item.item_name }}{{ $idx }}
```

这里我们直接修改 list_data 每一项中关键字 item_name 的值，修改后的内容如程序 6.23 所示（本书不保证围棋知识的专业性）。

程序6.23

```
......
list_data: [
    {
        item_icon: 'common/images/icon.png',
        item_name: '星位定式——小飞守角',
    },
    {
        item_icon: 'common/images/icon.png',
        item_name: '星位定式——小飞夹击',
    },
    {
        item_icon: 'common/images/icon.png',
        item_name: '星位定式——点三三内拐',
    },
    {
        item_icon: 'common/images/icon.png',
        item_name: '星位定式——点三三分断',
    },
    {
        item_icon: 'common/images/icon.png',
        item_name: '星位定式——点三三外挡',
    },
    {
        item_icon: 'common/images/icon.png',
        item_name: '星位定式——点三三大飞',
    },
    {
        item_icon: 'common/images/icon.png',
        item_name: '星位定式——点三三小飞',
    },
    {
        item_icon: 'common/images/icon.png',
        item_name: '星位定式——一间跳守角',
    },
    {
        item_icon: 'common/images/icon.png',
```

```
        item_name: ' 星位定式——双挂一间夹 ',
    },
    {
        item_icon: 'common/images/icon.png',
        item_name: ' 星位定式——双挂二间夹 ',
    },
    {
        item_icon: 'common/images/icon.png',
        item_name: ' 星位定式——双挂三间夹 ',
    },
    {
        item_icon: 'common/images/icon.png',
        item_name: ' 小目定式——大飞挂 ',
    },
    {
        item_icon: 'common/images/icon.png',
        item_name: ' 小目定式——小飞挂 ',
    },
    {
        item_icon: 'common/images/icon.png',
        item_name: ' 小目定式——一间高挂 ',
    }
],
......
```

说明：修改图标也是可以的，步骤如下所示。

1. 按照大小制作新图标。
2. 将图标保存在 common/images 文件夹下。
3. 替换 list_data 中对应项图标的路径。

此时预览页面效果，我们会发现图标下的文本并没有变（如果修改了图标会发现图标变化了），这主要是因为在 index.js 文件中有一个 onInit() 初始化方法修改了 list_data 中的值，如程序 6.24 所示。

程序6.24

```
......
onInit() {
    context = this;
```

```
    context.list_data.forEach(element => {
        element.item_name = context.$t('strings.item_name_t');
    });
    context.dec_data.forEach(element => {
        element.item_name = context.$t('strings.item_name_b');
    });
},
......
```

这里删除 onInit() 初始化方法即可，最后不要忘了修改 index.hml 文件中显示小图标文本时添加的序号，即删除“{{ $item.item_name }}{{ $idx }}”中的“{{ $idx }}”。此时在预览窗口中的显示效果如图 6.17 所示。

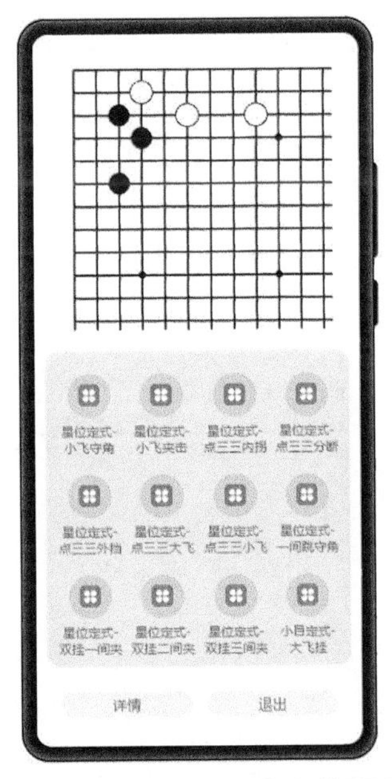

图 6.17　显示了正常小图标文本的页面显示效果

6.4　定式展示页面

6.4.1 新建新页面

现在可以来考虑按照一定行棋次序定时、逐个显示棋子的定式展示页面了。

第一步，新建一个页面。我们给这个页面取名为 showPage。页面内容比较简单，只包含一个 canvas 和两个按钮（分别是“重置”按钮和“返回”按钮，“重置”按钮用来重新按行棋次序定时、逐个显示棋子），这两个按钮可以看成是一组的。canvas 和按钮整体居中、上下排列，两个按钮左右排列。

由此确定 showPage.hml 文件中的内容如程序 6.25 所示。

程序6.25

```
<!-- showPage.hml -->
<div class="container">
    <div class="canvas-box">
        <canvas class="canvas" id="canvas1">
        </canvas>
    </div>
    <div class="bottom-btn">
        <button class="btn-button"
                value=" 重置 "
                type="capsule">
        </button>
        <button class="btn-button"
                value=" 返回 "
                type="capsule">
        </button>
    </div>
</div>
```

而 showPage.css 文件的内容如程序 6.26 所示。

程序6.26

```
/*showPage.css*/
.container {
    display: flex;
    flex-direction: column;
    justify-content: center;
    align-items: center;
    width: 100%;
    left: 0px;
    top: 0px;
}
.canvas-box {
    display: flex;
    flex-direction: row;
    justify-content: center;
    align-items: center;
    width: 100%;
    padding: 24px;
```

```
}
.canvas {
    width: 300px;
    height: 300px;
}
.bottom-btn {
    flex-direction: row;
    justify-content: center;
    align-items: center;
    margin-left: 12px;
    margin-right: 12px;
    width: 100%;
    padding: 20px 8px 20px 8px;
    bottom: 12px;
    border-bottom-left-radius: 16px;
    border-bottom-right-radius: 16px;
}
.btn-button {
    margin: 0 8px;
    height: 40px;
    flex-grow: 1;
    background-color: #0C000000;
    font-size: 16px;
    text-color: black;
}
```

6.4.2 页面路由及传递参数

准备好页面元素之后，我们看看如何实现页面跳转。先按照第四章的内容实现单纯地从 index 页面跳转到 showPage 页面，并实现从 showPage 页面返回 index 页面（这个步骤的实现在这里就不描述了）。

这里的跳转与先前不一样的是要在跳转时传递一个表示选中定式编号的参数。为此我们需要在 index.js 文件中修改 3 个地方。

1. 在 index.js 文件的开头新建变量 goType 保存选中定式编号的参数，如下所示。

```
var goType = 0;
```

2. 在 listFocus 方法中新增赋值 goType 的代码，如下红色部分所示。

```
......
listFocus($idx) {
    this.$element($idx).focus({
```

```
        focus: true
    });
    console.log($idx);
    goType = $idx;
    if($idx == 0)
    ......
},
......
```

3. 在处理按钮的点击事件 launch 方法中增加额外的参数部分，如下红色部分所示。

```
......
launch: function() {
    router.push ({
        uri: 'pages/index/showPage/showPage',params:{data:goType}
    });
}
......
```

这里能看到传递的参数就加在参数 uri 之后，这也是一个 JSON 格式的数据，数据的关键字是 data，数据的值是 goType。

为了验证参数是否正确传递给了 showPage 页面，我们可以在 showPage.js 文件中的初始化 onInit() 方法中将收到的参数显示出来，如程序 6.27 所示。

程序6.27

```
//showPage.js
import router from '@system.router';
export default {
    data: {
        title: 'World'
    },
    launch: function() {
        router.back();
    },
    onInit(){
        console.log(this.data);
    }
}
```

此时预览页面，当 index 页面跳转到 showPage 页面时，在选项卡 PreviewerLog 中就能看到对应的参数。

6.4.3 逐步显示棋子

当收到参数时，需要根据参数逐步显示棋子。为此我们先将 index.js 文件中的 3 个方法 drawBoard()、drawBlack()、drawWhite() 复制到 showPage.js 文件中。然后需要创建变量保存对应的步骤。这里只举一个例子进行说明，我们在 showPage.js 文件的 data 中新建一个关键字 goStep0，这个关键字的值是一个数组，其内容就是围棋每步棋的棋子位置，参照图 6.15 中的序号，我们添加的内容如程序 6.28 所示。

程序6.28

```
......
data: {
    goStep0: [
            [3,3,1],[5,2,0],[2,5,1],[3,1,0],[2,2,1],[8,2,0]
    ],
},
......
```

其中每一步的前两个数是棋子对应的位置，而第 3 个数是对应的棋子颜色，1 为黑色，0 为白色。

准备好数据之后，我们新建变量，如下所示。

```
var goStepShow;
var stepNum;
var stepIndex;
```

这里 goStepShow 用来保存由参数确定的定式中每步棋子的位置数组，stepNum 用来保存当前这个定式的步数，stepIndex 用来保存目前走到了第几步。

这 3 个新变量需要在 showPage.js 文件中的 onInit() 初始化方法中赋值，如程序 6.29 所示。

程序6.29

```
......
onInit(){
    console.log(this.data);
    if(this.data == 0)
    {
        goStepShow = this.goStep0;
        stepNum = goStepShow.length;
        stepIndex = 0;
    }
}
......
```

逐步绘制棋子的操作依然放在 onShow() 方法中，这个过程是先绘制棋盘，然后启动定时器（定时器的间隔时间为 1s，即 1000ms），如程序 6.30 所示。

程序6.30

```
//showPage.js
......
onShow(){
    var canv = this.$element("canvas1");
    var ctx = canv.getContext("2d");
    //清除画布
    ctx.clearRect(0,0,300,300);
    //绘制棋盘
    drawBoard(ctx,25);
    //启动定时器
    setInterval(this.drawGoType,1000);
},
......
```

对应定时器执行的方法的命名为 drawGoType()，其内容如程序 6.31 所示。

程序6.31

```
//showPage.js
......
drawGoType(){
    var canv = this.$element("canvas1");
    var ctx = canv.getContext("2d");
    if(stepIndex == stepNum)
    {
        clearInterval(timer1);
    }
    else{
        if(goStepShow[stepIndex][2] == 1)
        {
            drawBlack(ctx,[goStepShow[stepIndex][0],goStepShow[stepIndex][1]])
        }
        else
        {
            drawWhite(ctx,[goStepShow[stepIndex][0],goStepShow[stepIndex][1]])
        }
        stepIndex++;
    }
}
......
```

这段程序中会先判断目前走到了第几步，如果所有的步数都走完了，那么就通过“clearInterval(timer1);”清除定时器，否则就判断是下黑色棋子还是白色棋子，并调用相应的方法在相应的位置绘制棋子。绘制完棋子之后让变量 stepIndex 加 1，表示下次该走下一步棋了。显示定式步骤的页面如图 6.18 所示。

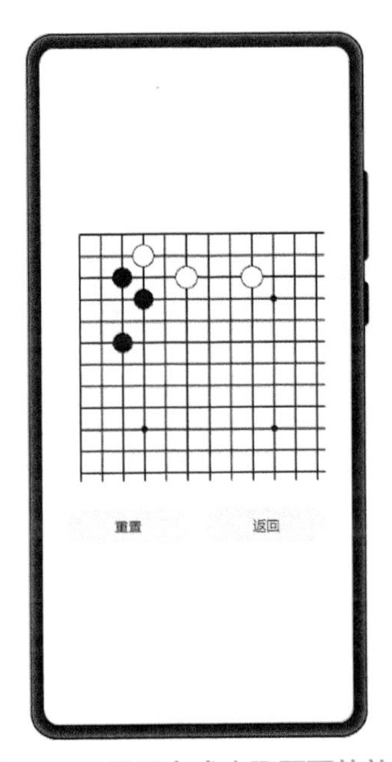

图 6.18　显示定式步骤页面的效果

按照以上步骤添加其他定式对应的程序，并在 onInit() 初始化方法中根据传入的参数正确赋值就能够实现按步骤显示其他定式的效果了，这部分内容大家可以自己尝试一下。

6.4.4 重置按钮

重置按钮的操作就是将变量 stepIndex 再次设置为 0，并重新启动定时器，对应的内容如程序 6.32 所示（假设在 showPage.hml 文件中添加了设置响应重置按钮点击事件的 restartGo() 方法）。

程序6.32

```
//showPage.js
......
restartGo: function() {
    stepIndex = 0;
    clearInterval(timer1);
    this.onShow();
},
......
```

这段代码中我们直接调用了函数 onShow()。

这样整个围棋定式助记应用就算完成了，最终的showPage.js文件的内容如程序6.33所示（包含了两个定式的示例，更多定式大家可以尝试自己添加）。

程序6.33

```
//showPage.js
import router from '@system.router';
//定义变量
var goStepShow;
var stepNum;
var stepIndex;
var timer1=null;
//绘制棋盘函数
var drawBoard = function(_ctx,size){
    _ctx.beginPath();
    for(var i = 0;i < 19;i++)
    {
        _ctx.moveTo(15+i*size, 15);
        _ctx.lineTo(15+i*size, size*18+15);
        _ctx.moveTo(15, 15+i*size);
        _ctx.lineTo(size*18+15,15+i*size);
    }
    _ctx.stroke();
    for(i = 0;i < 3;i++) {
        _ctx.beginPath();
        for(var j = 0;j < 3;j++) {
            _ctx.arc(i * size*6+size*3+15, j * size*6+size*3+15, 4, 0, Math.PI * 2, false);
        }
        _ctx.fill();
    }
};
//绘制黑色棋子
var drawBlack = function(_ctx,_pos){
    _ctx.beginPath();
    _ctx.arc(15+_pos[0]*25, 15+_pos[1]*25, 12, 0, Math.PI * 2, false);
    _ctx.fill();
};
//绘制白色棋子
var drawWhite = function(_ctx,_pos){
    _ctx.fillStyle="white";
```

```
    _ctx.beginPath();
    _ctx.arc(15+_pos[0]*25, 15+_pos[1]*25, 12, 0, Math.PI * 2, false);
    _ctx.stroke();
    _ctx.fill();
    _ctx.fillStyle="black";
};
export default {
    data: {
        //星位定式——小飞守角
        goStep0: [
                [3,3,1],[5,2,0],[2,5,1],[3,1,0],[2,2,1],[8,2,0]
        ],
        //星位定式——小飞夹击
        goStep1: [
                [3,3,1],[5,2,0],[2,5,1],[3,1,0],[7,2,1],[2,2,0],
                [4,2,1],[4,1,0],[5,3,1],[6,3,0],[6,2,1],[5,1,0],[6,4,1]
        ],
    },
    launch: function() {
        router.back();
    },
    //初始化
    onInit(){
        console.log(this.data);
        if(this.data == 0)
        {
            goStepShow = this.goStep0;
            stepNum = goStepShow.length;
            stepIndex = 0;
        }
        if(this.data == 1)
        {
            goStepShow = this.goStep1;
            stepNum = goStepShow.length;
            stepIndex = 0;
        }
    },
    onShow(){
        var canv = this.$element("canvas1");
        var ctx = canv.getContext("2d");
```

```
        //清除画布
        ctx.clearRect(0,0,300,300);
        //绘制棋盘
        drawBoard(ctx,25);
        //启动定时器
        timer1 = setInterval(this.drawGoType,1000);
    },
    drawGoType(){
        var canv = this.$element("canvas1");
        var ctx = canv.getContext("2d");
        if(stepIndex == stepNum)
        {
            //清除定时器
            clearInterval(timer1);
        }
        else{
            if(goStepShow[stepIndex][2] == 1)
            {
                drawBlack(ctx,[goStepShow[stepIndex][0],goStepShow[stepIndex][1]])
            }
            else
            {
                drawWhite(ctx,[goStepShow[stepIndex][0],goStepShow[stepIndex][1]])
            }
            stepIndex++;
        }
    },
    restartGo: function() {
        stepIndex = 0;
        clearInterval(timer1);
        this.onShow();
    }
}
```